| 大学数学基础丛书 |

微积分

（下册）

楚振艳　王金芝　主编

清华大学出版社
北　京

内容简介

本书由数学教师结合多年的教学实践经验编写而成. 本书编写过程中遵循教育教学的规律，对数学思想的讲解力求简单易懂，注重培养学生的思维方式和独立思考问题的能力. 每节后都配有相应的习题，习题的选配尽量典型多样，难度上层次分明，使学生能够掌握数学方法并运用所学知识解决实际问题. 书中还对重要数学概念配备了英文对照词汇.

全书分上、下两册出版，本书为下册. 下册主要包括：多元函数微分学及其应用，重积分，无穷级数，常微分方程等内容. 全书把微积分和相关经济学知识有机结合，内容的深度广度与经济类、管理类各个专业的微积分教学要求相符合. 本书可供普通高等院校经济类、管理类、理工类少学时各专业作为教材使用，也可以供学生自学使用.

版权所有，侵权必究。举报：010-62782989，beiqinquan@tup.tsinghua.edu.cn。

图书在版编目(CIP)数据

微积分. 下册/楚振艳，王金芝主编. —北京：清华大学出版社，2018(2023.7 重印)
(大学数学基础丛书)
ISBN 978-7-302-49533-8

Ⅰ. ①微… Ⅱ. ①楚… ②王… Ⅲ. ①微积分－高等学校－教材 Ⅳ. ①O172

中国版本图书馆 CIP 数据核字(2018)第 026086 号

责任编辑：刘 颖
封面设计：傅瑞学
责任校对：赵丽敏
责任印制：杨 艳

出版发行：清华大学出版社
网 址：http://www.tup.com.cn，http://www.wqbook.com
地 址：北京清华大学学研大厦 A 座 **邮 编**：100084
社 总 机：010-83470000 **邮 购**：010-62786544
投稿与读者服务：010-62776969，c-service@tup.tsinghua.edu.cn
质量反馈：010-62772015，zhiliang@tup.tsinghua.edu.cn
印 装 者：三河市少明印务有限公司
经 销：全国新华书店
开 本：185mm×260mm **印 张**：9.5 **字 数**：227 千字
版 次：2018 年 2 月第 1 版 **印 次**：2023 年 7 月第 7 次印刷
定 价：28.00 元

产品编号：076496-02

微积分在经历了300多年的发展后，已经十分成熟，它的应用几乎遍布所有自然科学领域并逐渐进入社会科学领域. 一方面，它是当代大学生必修的一门重要课程，是青年学生开启科技大门的第一把钥匙，是大学生学习后续课程必不可少的工具. 另一方面，微积分的学习更是方法论的教育和启迪，是理性思维品格和思辨能力的培养，是能动性和创造性的开发. 而且当今社会，数学的思想、理论与方法已被广泛地应用于自然科学、工程技术、企业管理甚至人文学科之中，"数学是高新技术的本质"这一说法，已被人们所接受.

为了适应高等教育的发展，根据教育部对培养应用型本科人才的要求，本着"以应用为目的，以必需够用为度"的原则，以教育部最新颁布的高等学校经济管理类及理工类少学时数学基础课程教学基本要求及研究生入学考试大纲为依据，按照专业人才的培养目标，结合教学改革及发展实际，大连民族大学理学院组织了具有丰富教学经验的一线教师编写了本套微积分教材.

这套教材在汲取国内外各种版本同类教材优点的基础上，编者还将教学实践中积累的一些有益的经验融入其中. 在编写中，注重强调数学的基本方法和基本技能，注重培养学生的数学思维能力，注重提高学生的数学素质，体现数学既是一种工具，同时也是一种文化和方法论的思想. 本书可供高等本科院校经管类及理工类少学时各专业使用.

本书的特色主要体现在以下4个方面：

1. 保持经典教材的优点，突出微积分的基本思想，将多年来的教学经验、教学成果融入教材中.

2. 优化内容结构，降低理论深度. 面对高等教育大众化的现实，结合教学实际和学生的思维特点，适当降低了部分内容的深度和广度的要求，一些用星号"*"标注的节可以省略. 特别是淡化了各种运算技巧及理论证明，但提高了数学思想和数学应用方面的要求.

3. 在注重基本知识的掌握和基本能力的培养的同时，兼顾学生综合运用知识能力的培养. 在例题和习题的选编方面下了较大工夫，每节后既有基础训练题，又有相当于考研和竞赛难度的综合性提高题，围绕本节知识内容进行学习和训练. 提高题和每章后的复习题，供学有余力的学生和考研的同学进一步提高数学水平选用. 同时还尽量配以专业方面的应用题，旨在启迪思维，提高学生应用所学知识解决实际问题的能力.

4. 内容编写由浅入深,思路清晰.尽可能采用通俗易懂的语言和形象直观的思维方式来表述,使基本概念和原理讲解通俗透彻,数学的基本技能和技巧叙述准确清晰,便于学生理解掌握.

本书上册第1章由张友编写;第2、3章由王金芝编写;第4、5章由齐淑华编写.下册第1章由王书臣、余军、王金芝共同编写;第2章由齐淑华编写;第3、4章由周文书编写.楚振艳、王金芝负责全书的统稿及修改定稿.

由于编者水平有限,书中缺点和错误在所难免,恳请广大同行、读者批评指正.

编　者

2017年11月

目 录
CONTENTS

第1章

多元函数微分学及其应用

Differential Calculus of Multivariable Functions and its Applications

在前面我们研究的函数都是一元函数，其因变量的值仅受一个自变量的影响．但许多实际问题中往往牵涉多方面的因素，反映到数学上就是因变量的值依赖于多个自变量的情形，这就产生了多元函数的概念．多元函数微分学是一元函数微分学的推广与发展，它们的理论体系相似．本章将在一元函数微分学的基础上，进一步研究多元函数的极限、偏导数、全微分、极值、最值及其应用等相关知识．讨论中将以二元函数为主要研究对象，这不仅因为二元函数比其他的多元函数更直观，而且有关的概念和方法大都能自然推广到二元以上的多元函数．在学习中要善于总结多元函数微分学与一元函数微分学在理论和方法上的共性，找出差异，以便弄懂、理解和掌握多元函数微分学的理论与方法．

在研究多元函数之前，先介绍一些空间解析几何的知识．

1.1 空间解析几何简介

1.1.1 空间直角坐标系

在平面解析几何中，为了确定平面上任意一点的位置，建立了平面直角坐标系，将平面上的点与二元有序数组(x,y)建立了一一对应关系．为了确定空间任意一点的位置，需要建立空间直角坐标系，将空间中的点与三元有序数组(x,y,z)形成一一对应关系，这样，就可以用代数的方法研究几何问题．

过空间一定点O，作三条相互垂直的数轴，再规定一个单位长度，这三条数轴依次称之为x轴（横轴），y轴（纵轴）和z轴（竖轴），并统称为**坐标轴**，点O称为**坐标原点**．各轴正向之间的顺序通常按如下的**右手法则**确定：以右手握住z轴，当右手4个手指从x轴正向以$\frac{\pi}{2}$的角度转向y轴正向时，大拇指的指向就是z轴的正向（如图1-1所示），这样的坐标系叫做**右手坐标系**，否则称为左手坐标系，一般习惯上都采用右手坐标系，这样就建立了

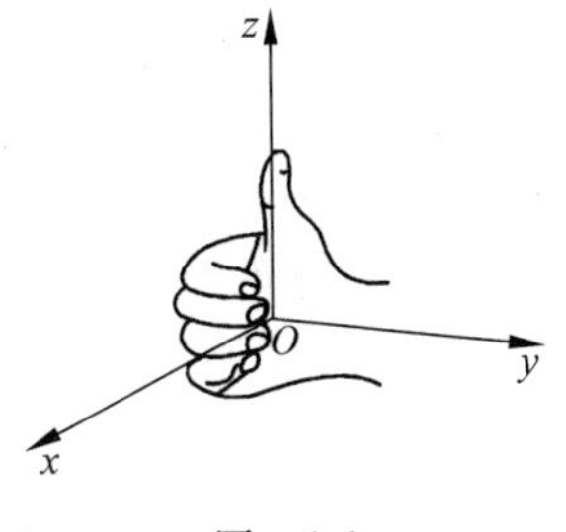

图 1-1

空间直角坐标系.

每两条坐标轴确定一个平面，如 x 轴和 y 轴确定 xOy 面. 类似地，y 轴和 z 轴确定 yOz 面，z 轴和 x 轴确定 zOx 面，这三个面统称为**坐标面**. 三个坐标面把空间分成 8 个部分，每个部分称为一个卦限，共 8 个卦限，其中 $x>0, y>0, z>0$ 部分为第Ⅰ卦限，第Ⅰ，Ⅱ，Ⅲ，Ⅳ卦限在 xOy 平面的上方并按逆时针方向来确定；在第Ⅰ，Ⅱ，Ⅲ，Ⅳ卦限下面的卦限依次称为第Ⅴ，Ⅵ，Ⅶ，Ⅷ卦限(如图 1-2 所示). 取定了空间直角坐标系后，就可以建立起空间中的点与数组之间的对应关系.

设 M 为空间中的任意一点，过点 M 分别作垂直于三条坐标轴的平面，它们与三条坐标轴分别相交于 P,Q,R 三点，这三个点在 x 轴、y 轴、z 轴上的坐标分别为 x,y,z，这样任意点 M 唯一地确定了一个三元有序数组 (x,y,z). 反之，对任意的一个三元有序数组 (x,y,z)，可以在 x 轴上取坐标为 x 的点 P，在 y 轴上取坐标为 y 的点 Q，在 z 轴上取坐标为 z 的点 R，然后过点 P,Q,R 分别作垂直于 x 轴、y 轴、z 轴的平面，这三个平面相交于一点 M，则由任意的一个三元有序数组 (x,y,z) 唯一地确定了空间中的一点 M. 于是，空间中的任意一点 M 与三元有序数组 (x,y,z) 之间就建立起一一对应关系(如图 1-3 所示)，称有序数组 (x,y,z) 为点 M 的**坐标**，记为 $M(x,y,z)$，并依次称 x,y,z 为点 M 的**横坐标**、**纵坐标**和**竖坐标**.

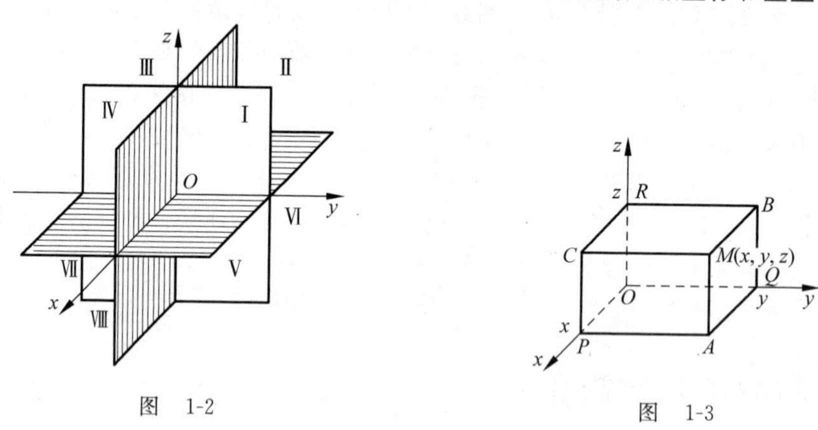

图 1-2　　　　图 1-3

显然，坐标原点 O 的坐标为 $(0,0,0)$，x 轴上的点的纵坐标和竖坐标均为 0，因而可表示为 $(x,0,0)$；类似地，y 轴上的点的坐标为 $(0,y,0)$；z 轴上的点的坐标为 $(0,0,z)$. xOy 面上的点的坐标可表示为 $(x,y,0)$；yOz 面上的点的坐标可表示为 $(0,y,z)$；zOx 面上的点的坐标可表示为 $(x,0,z)$.

设点 $M(x,y,z)$ 为空间直角坐标系中的一点，则点 M 关于坐标面 xOy 的对称点为 $M_1(x,y,-z)$，关于 z 轴的对称点为 $M_2(-x,-y,z)$，关于原点的对称点为 $M_3(-x,-y,-z)$.

1.1.2 空间任意两点间的距离公式

给定空间中的任意两点 $M_1(x_1,y_1,z_1)$，$M_2(x_2,y_2,z_2)$，下面来求它们之间的距离 $|M_1M_2|$. 过这两个点分别作垂直于三个坐标轴的平面，这 6 个平面围成一个以 M_1M_2 为对角线的长方体(如图 1-4 所示). 因为

$$\begin{aligned}|M_1M_2|^2 &= |M_1Q|^2+|QM_2|^2=|M_1P|^2+|PQ|^2+|QM_2|^2\\ &=|M_1'P'|^2+|P'M_2'|^2+|QM_2|^2\\ &=(x_2-x_1)^2+(y_2-y_1)^2+(z_2-z_1)^2,\end{aligned}$$

所以

$$|M_1M_2| = \sqrt{(x_2-x_1)^2+(y_2-y_1)^2+(z_2-z_1)^2}.$$

特别地，点 $M(x,y,z)$ 与原点 $O(0,0,0)$ 的距离为

$$|OM| = \sqrt{x^2+y^2+z^2}.$$

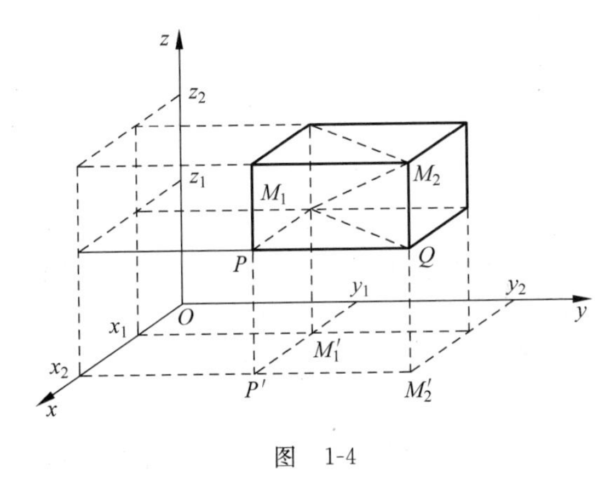

图 1-4

例 1 证明：以 $A(4,3,1)$，$B(7,1,2)$，$C(5,2,3)$ 三点为顶点的三角形是等腰三角形.

解 根据两点间距离公式有

$$|AB| = \sqrt{(4-7)^2+(3-1)^2+(1-2)^2} = \sqrt{14},$$

$$|AC| = \sqrt{(4-5)^2+(3-2)^2+(1-3)^2} = \sqrt{6},$$

$$|BC| = \sqrt{(7-5)^2+(1-2)^2+(2-3)^2} = \sqrt{6},$$

显然有 $|AC|=|BC|$，故 $\triangle ABC$ 是等腰三角形.

1.1.3 空间曲面与方程

在平面解析几何中，我们把平面曲线看成是动点的运动轨迹. 类似地，在空间解析几何中，我们把曲面看作是空间中点的运动轨迹，并且将点的特征性质，用点的坐标 x、y 与 z 之间的关系式来表达，即一般用方程

$$F(x,y,z) = 0 \tag{1-1}$$

或

$$z = f(x,y) \tag{1-2}$$

来表达；反过来，每个形如式(1-1)或式(1-2)的方程通常表示空间中的一个曲面. 即曲面 S 与三元方程(1-1)或方程(1-2)之间如果存在如下关系：

(1) 曲面 S 上任一点的坐标都满足方程(1-1)或方程(1-2)；

(2) 满足方程(1-1)或方程(1-2)的点都在曲面 S 上. 则称方程(1-1)或方程(1-2)为曲面 S 的方程，而曲面 S 就叫做方程(1-1)或(1-2)的图形(参见图 1-5).

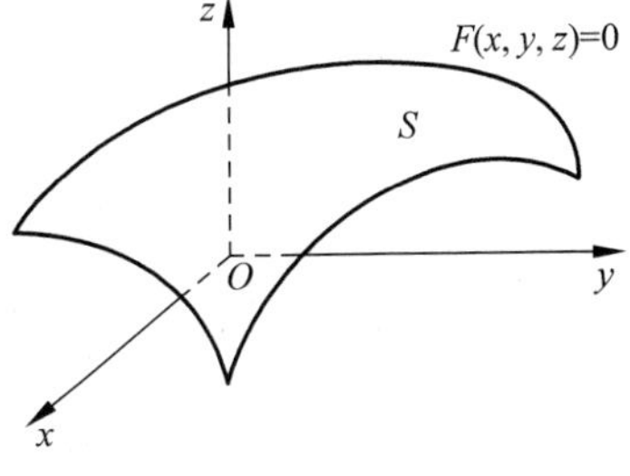

图 1-5

如果方程对 x,y,z 是一次的，所表示的曲面称为一次曲面. 如果方程是二次的，所表示的曲面称为二次曲面.

下面我们在空间直角坐标系下,建立几个常见曲面的方程.

1. 平面

例 2 设有两点 $M_1(-1,2,0)$ 和点 $M_2(2,-1,3)$,求线段 M_1M_2 的垂直平分面的方程.

解 据题意知,所求平面为与 M_1 和 M_2 等距离的点的轨迹,设 $M(x,y,z)$ 是所求平面上的任一点,则 $|MM_1|=|MM_2|$,即

$$\sqrt{(x+1)^2+(y-2)^2+(z-0)^2}=\sqrt{(x-2)^2+(y+1)^2+(z-3)^2},$$

化简得

$$2x-2y+2z-3=0.$$

例 3 求三个坐标面的方程.

解 在 xOy 平面上任意一点的坐标必有 $z=0$,满足 $z=0$ 的点也必然在 xOy 平面上,所以 xOy 平面的方程为 $z=0$.

同理,坐标平面 yOz 与 zOx 的方程分别为 $x=0$ 与 $y=0$.

例 4 画出 $y=3$ 的图形.

解 方程 $y=3$ 中不含 x 和 z,这意味着 x 与 z 可取任意值,且总有 $y=3$,所以其图形是过点 $(0,3,0)$ 且垂直于 y 轴的平面(如图 1-6 所示).

前面三个例子所讨论的方程都是三元一次方程,对应的图形都是平面,可以证明任意平面的方程都是三元一次方程,即平面方程的一般形式为

$$Ax+By+Cz+D=0,$$

其中 A,B,C,D 均为常数,且 A,B,C 不全为 0.

例 5 求与 x 轴、y 轴、z 轴分别交于 $P(a,0,0)$,$Q(0,b,0)$,$R(0,0,c)$ 三点的平面方程(如图 1-7 所示),其中 $a\neq0,b\neq0,c\neq0$.

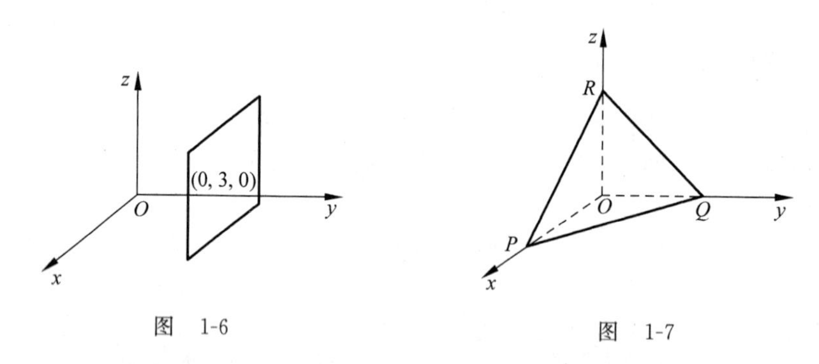

图 1-6　　图 1-7

解 设所求平面的方程为 $Ax+By+Cz+D=0$,将这三点坐标代入到平面方程中,得

$$aA+D=0,\quad bB+D=0,\quad cC+D=0,$$

解得

$$A=-\frac{D}{a},\quad B=-\frac{D}{b},\quad C=-\frac{D}{c},$$

再代回原平面方程中,得

$$\frac{x}{a}+\frac{y}{b}+\frac{z}{c}=1. \tag{1-3}$$

方程(1-3)称为平面的**截距式方程**,其中 a,b,c 分别称为平面在 x 轴、y 轴和 z 轴上的截距.

2. 柱面

定义 1 平行于定直线 l 沿定曲线 C 移动的直线 L 所形成的轨迹称为**柱面**. 定曲线 C 称为柱面的**准线**,动直线 L 称为柱面的**母线**(如图 1-8 所示).

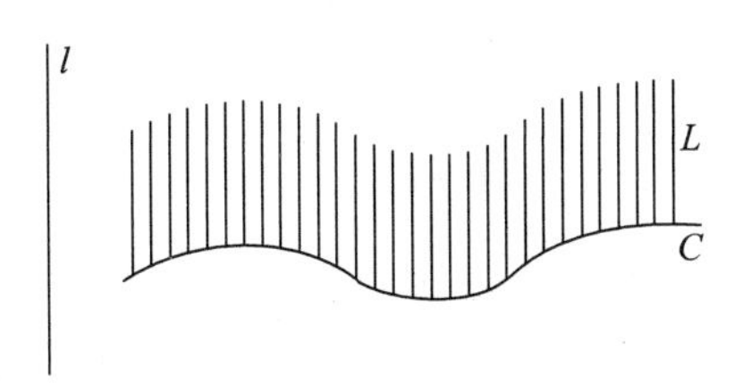

图 1-8

一般地,在空间直角坐标系中,方程 $F(x,y)=0$ 表示以 xOy 坐标面上的曲线 $F(x,y)=0$ 为准线,母线平行于 z 轴的柱面;类似地,方程 $G(x,z)=0$ 在空间直角坐标系中表示以 zOx 坐标面上的曲线 $G(x,z)=0$ 为准线,母线平行于 y 轴的柱面;方程 $H(y,z)=0$ 在空间直角坐标系中表示以 yOz 坐标面上的曲线 $H(y,z)=0$ 为准线,母线平行于 x 轴的柱面.

几种常用的柱面:

(1) 圆柱面: $x^2+y^2=R^2$. 它表示以 xOy 坐标面上的圆 $x^2+y^2=R^2$ 为准线,母线平行于 z 轴的圆柱面(参见图 1-9(a)).

(2) 抛物柱面: $y^2=2x$. 它表示以 xOy 坐标面上的抛物线 $y^2=2x$ 为准线,母线平行于 z 轴的抛物柱面(参见图 1-9(b)).

(3) 椭圆柱面: $\frac{x^2}{a^2}+\frac{z^2}{b^2}=1$. 它表示以 xOz 坐标面上的椭圆 $\frac{x^2}{a^2}+\frac{z^2}{b^2}=1$ 为准线,母线平行于 y 轴的椭圆柱面(参见图 1-9(c)).

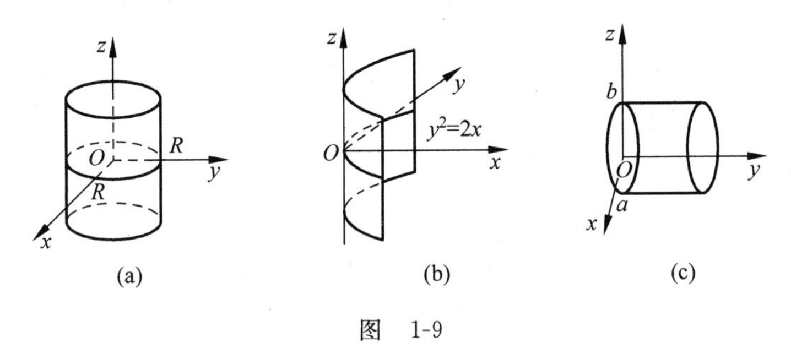

图 1-9

下面讨论一些常见的含 x,y,z 的二次方程表示的曲面,即二次曲面.

3. 二次曲面

三元二次方程

$$a_1x^2+a_2y^2+a_3z^2+b_1xy+b_2xz+b_3yz+c_1x+c_2y+c_3z=d$$

所表示的空间曲面,称为二次曲面. 其中 $a_i,b_i,c_i(i=1,2,3)$ 和 d 均为常数. 相应地,三元一次方程表示的平面,也称一次曲面.

三元二次方程 $F(x,y,z)=0$ 所表示的曲面图形的大致形状,可采用"截痕法"讨论. 即用坐标平面或与坐标面平行的平面与曲面相交,通过分析交线(称为截痕)的形状,综合各种情形，确定出曲面的大致形状.

例 6 用截痕法作椭球面

$$\frac{x^2}{a^2}+\frac{y^2}{b^2}+\frac{z^2}{c^2}=1 \quad (a,b,c>0) \tag{1-4}$$

的图形.

解 由方程(1-4)易知，$\frac{x^2}{a^2}\leqslant 1,\frac{y^2}{b^2}\leqslant 1,\frac{z^2}{c^2}\leqslant 1$，进而有

$$|x|\leqslant a, \quad |y|\leqslant b, \quad |z|\leqslant c.$$

以平行于 xOy 坐标面的平面 $z=z_0(|z_0|\leqslant c)$ 截曲面，得到截线方程为

$$\begin{cases}\frac{x^2}{a^2}+\frac{y^2}{b^2}=1-\frac{z_0^2}{c^2},\\ z=z_0.\end{cases}$$

当 $|z_0|<c$ 时，截线是平面 $z=z_0$ 上的一个椭圆，当 $|z_0|=c$ 时，截线退化成一点 $(0,0,c)$.

以平行于 xOz 坐标面的平面 $y=y_0(|y_0|\leqslant b)$ 截曲面，得到截线方程为

$$\begin{cases}\frac{x^2}{a^2}+\frac{z^2}{c^2}=1-\frac{y_0^2}{b^2},\\ y=y_0.\end{cases}$$

当 $|y_0|<b$ 时，截线是平面 $y=y_0$ 上的一个椭圆，当 $|y_0|=b$ 时，截线退化成一点 $(0,b,0)$.

同理，用平面 $x=x_0(|x_0|\leqslant a)$ 截椭球面所截得的截线与上述情况相类似.

综上，可得到椭球面的图形如图 1-10 所示.

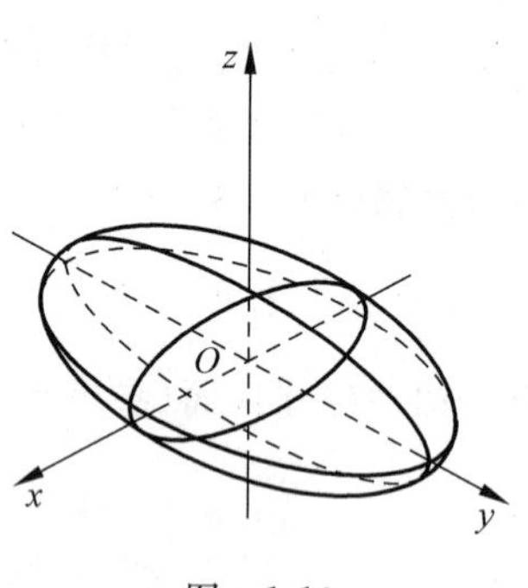

图 1-10

当 $a=b=c$ 时，方程变为

$$x^2+y^2+z^2=a^2,$$

它表示一个球心在原点，半径为 a 的球面.

用截痕法可以类似地作出其他二次曲面的图形.

常见的二次曲面有：

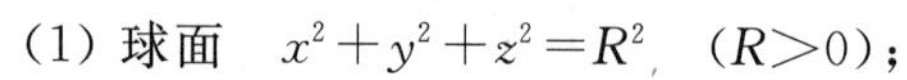

(1) 球面 $x^2+y^2+z^2=R^2 \quad (R>0)$；

(2) 椭球面 $\frac{x^2}{a^2}+\frac{y^2}{b^2}+\frac{z^2}{c^2}=1 \quad (a,b,c>0)$；

(3) 单叶双曲面(如图 1-11(a)) $\frac{x^2}{a^2}+\frac{y^2}{b^2}-\frac{z^2}{c^2}=1 \quad (a,b,c>0)$；

(4) 双叶双曲面(如图 1-11(b)) $\frac{x^2}{a^2}+\frac{y^2}{b^2}-\frac{z^2}{c^2}=-1 \quad (a,b,c>0)$；

(5) 椭圆抛物面(如图 1-11(c)) $\frac{x^2}{p}+\frac{y^2}{q}=2z \quad (p,q>0)$；

(6) 双曲抛物面(马鞍面)(如图 1-11(d)) $\frac{x^2}{p}-\frac{y^2}{q}=-2z \quad (p,q>0)$；

(7) 二次锥面(如图 1-11(e)) $\frac{x^2}{a^2}+\frac{y^2}{b^2}-\frac{z^2}{c^2}=0 \quad (a,b,c>0)$.

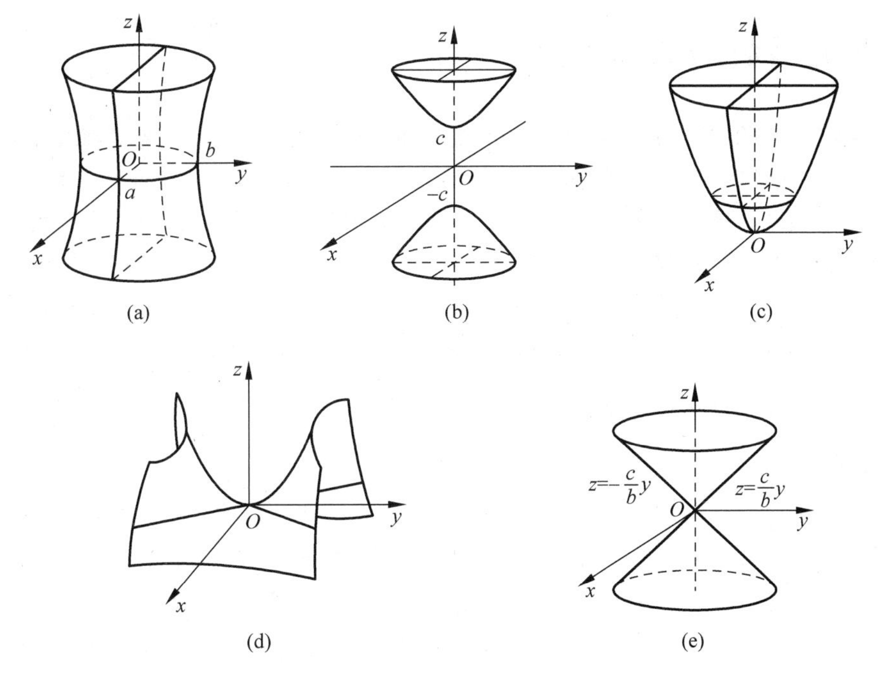

图 1-11

习题 1.1

1. 在空间直角坐标系中，指出下列各点的卦限：

(1) $(1,-5,3)$；　(2) $(2,4,-1)$；　(3) $(1,-5,-6)$；　(4) $(-1,-2,1)$.

2. 求点 $M(3,-2,1)$关于各坐标面及坐标原点的对称点.

3. 根据下列条件求点 B 的未知坐标：

(1) $A(4,-7,1)$，$B(6,2,z)$，$|AB|=11$；　(2) $A(2,3,4)$，$B(x,-2,4)$，$|AB|=5$.

4. 在 z 轴上，求与点 $A(-4,1,7)$和点 $B(3,5,-2)$等距离的点.

5. 试证以点 $A(4,1,9)$，$B(10,-1,6)$，$C(2,4,3)$为顶点的三角形是等腰直角三角形.

6. 指出下列方程在平面解析几何中和空间解析几何中分别表示什么图形：

(1) $x=2$；　(2) $y=x+1$；　(3) $x^2+y^2=4$.

提高题

1. 求点 $M(4,-3,5)$与原点及各坐标轴之间的距离.

2. 求点 $M(a,b,c)$分别关于各坐标面、坐标轴、坐标原点的对称点的坐标.

3. 动点 $M(x,y,z)$到 xOy 平面的距离与其到点$(1,-1,2)$的距离相等，求点 M 的轨迹方程.

4. 画出由平面$\frac{x}{2}+\frac{y}{3}+\frac{z}{4}=1$，$x=0$，$y=0$，$z=0$ 在第Ⅰ卦限所围成的空间区域的简图.

1.2 多元函数的基本概念

在许多实际问题中，经常需要研究多个变量相互作用的关系，即因变量与几个自变量之间的关系. 例如儿童的身高(因变量)受年龄(自变量)、遗传因素(自变量)、生活质量(自变量)等多方面的影响，这样的例子不胜枚举. 为了更好地研究这类问题，引入了多元函数的概念. 我们把具有两个自变量的函数叫做二元函数，具有 n 个自变量的函数叫做 n 元函数，而二元和二元以上的函数叫做多元函数. 我们着重讨论二元函数，二元以上的多元函数都可由二元函数类推得到. 本节将介绍二元函数、极限和连续性等相关概念和性质.

1.2.1 平面区域的概念

1. 邻域

定义1 设 $P_0(x_0,y_0)$ 是 xOy 平面上的一个点，δ 是某一正数，与点 P_0 距离小于 δ 的点 $P(x,y)$ 的全体，称为点 P_0 的 δ 邻域(neighbourhood)(如图1-12(a)所示)，记为 $U(P_0,\delta)$，即

$$U(P_0,\delta)=\{P \mid |PP_0|<\delta\}=\{(x,y) \mid \sqrt{(x-x_0)^2+(y-y_0)^2}<\delta\}.$$

在几何上，点 P_0 的 δ 邻域就是 xOy 平面上以点 P_0 为中心，$\delta>0$ 为半径的圆内部的点 $P(x,y)$ 的全体.

不包含点 P_0 本身的 δ 邻域，称为点 P_0 的去心 δ 邻域，即

$$\mathring{U}(P_0,\delta)=\{P \mid 0<|P_0P|<\delta\}.$$

如果不需要强调邻域的半径 δ，则用 $U(P_0)$ 表示 P_0 的 δ 邻域，用 $\mathring{U}(P_0)$ 表示 P_0 的去心邻域.

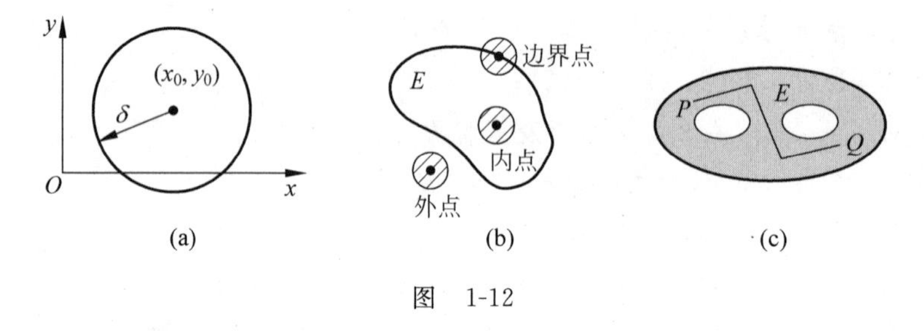

图 1-12

下面利用邻域来描述点和点集之间的关系.

2. 区域

平面上的任意一点 P 与任意一个点集 E 之间必存在以下三种关系之一(如图1-12(b)所示)：

(1) 存在点 P 的某一邻域 $U(P)$，使得 $U(P)\subset E$，则称 P 为 E 的**内点**(interior point)；

(2) 存在点 P 的某一邻域 $U(P)$，使得 $U(P)\cap E=\varnothing$，则称 P 为 E 的**外点**(exterior point)；

(3) 点 P 的任意邻域内既有属于 E 的点，又有不属于 E 的点，则称 P 为 E 的**边界点**(boundary point). 点集 E 的边界点的全体称为 E 的**边界**.

任意一点 P 与一个点集 E 之间除了上述的3种关系之外，还有另外一种关系——聚点.

如果对于任意给定的 $\delta>0$，点 P 的去心邻域 $\mathring{U}(P,\delta)$ 内总有 E 中的点，则称 P 是 E 的**聚点**(accumulation point).

由聚点的定义可知，点集 E 的聚点 P 本身可以属于 E，也可以不属于 E.

根据点集中所属点的特征，下面再来定义一些重要的平面点集.

开集(open set)：若点集 E 的点都是内点，则称 E 为开集.

连通集：如果 E 中任意两点均可用属于 E 中的折线连结起来，则称 E 是连通的(如图 1-12(c)所示).

区域：连通的开集称为开区域，简称区域(region).

闭区域：开区域连同它的边界一起称为闭区域.

例如，$\{(x,y)\mid 1<x^2+y^2<4\}$为开区域(如图 1-13(a)所示)；$\{(x,y)\mid 1\leqslant x^2+y^2\leqslant 4\}$为闭区域(如图 1-13(b)所示).

有界区域：对于平面区域 D，如果存在一个以 R 为半径的圆完全包含区域 D，则称平面区域 D 为**有界区域**. 否则，D 称为**无界区域**.

例如，$\{(x,y)\mid 1\leqslant x^2+y^2\leqslant 4\}$是有界闭区域；$\{(x,y)\mid x+y>0\}$是无界开区域.

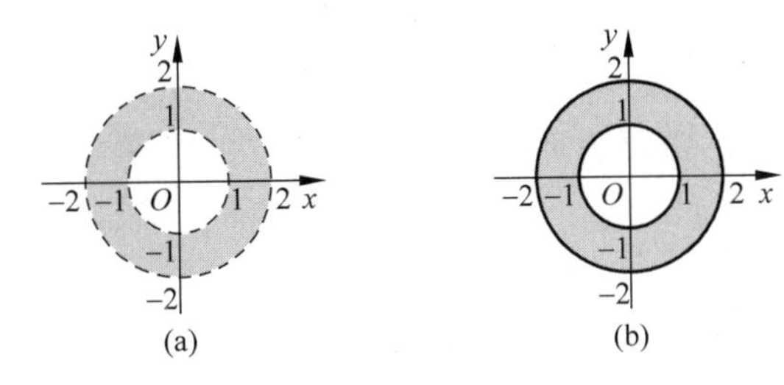

图 1-13

3. n 维空间

我们知道，数轴上的点与实数之间是一一对应的，将实数的全体记为 $\mathbf{R}$；平面上的点与二元有序数组(x,y)之间是一一对应的，将二元有序数组(x,y)的全体记为 $\mathbf{R}^2$；空间中的点与三元有序数组(x,y,z)之间是一一对应的，将三元有序数组(x,y,z)的全体记为 $\mathbf{R}^3$. 这样 $\mathbf{R}$，$\mathbf{R}^2$ 和 $\mathbf{R}^3$ 就分别对应实数轴、平面和空间.

一般地，设 n 为取定的一个自然数，我们将 n 元有序数组$(x_1,x_2,\cdots,x_n)$的全体记为 $\mathbf{R}^n$，并称为 n 维空间. 其中每个 n 元有序数组$(x_1,x_2,\cdots,x_n)$称为 n 维空间中的一个点，数 x_i 称为该点的第 i 个坐标，即 $\mathbf{R}^n=\{(x_1,x_2,\cdots,x_n)\mid x_i\in\mathbf{R},i=1,2,\cdots,n\}$.

n 维空间中两点间距离公式

$\mathbf{R}^n$ 中两点 $P(x_1,x_2,\cdots,x_n)$和 $Q(y_1,y_2,\cdots,y_n)$之间的距离规定为

$$|PQ|=\sqrt{(y_1-x_1)^2+(y_2-x_2)^2+\cdots+(y_n-x_n)^2}.$$

特别地，当 $n=1,2,3$ 时，上述距离为实数轴、平面、空间两点间的距离.

n 维空间中邻域、区域等概念

设 P_0 是 $\mathbf{R}^n$ 中的一个点，δ 是某一正数，则 n 维空间中的点集

$$U(P_0,\delta)=\{P\mid |PP_0|<\delta,P\in\mathbf{R}^n\}$$

称为 $\mathbf{R}^n$ 中点 P_0 的 δ 邻域.

以邻域为基础，前面就平面点集所叙述的一系列概念，如内点、边界点、区域等都可类似地推广到 $\mathbf{R}^n$ 中去.

1.2.2　二元函数的概念

1. 二元函数

定义 2　设 D 是平面上的一个非空点集，如果对于 D 内的任一点 (x,y)，按照某种法则 f，都有唯一确定的实数 z 与之对应，则称 f 是 D 上的二元函数，它在 (x,y) 处的函数值记为 $f(x,y)$，即 $z=f(x,y)$，其中 x,y 称为**自变量**(independent variable)，z 称为**因变量**(dependent variable). 点集 D 称为该函数的**定义域**(domain)，数集 $\{z\mid z=f(x,y),(x,y)\in D\}$ 称为该函数的**值域**(range).

关于二元函数的定义域，与一元函数类似，约定如下：当函数用解析式表示，且没有明确指出其定义范围时，定义域就是使解析表达式有意义的点的全体；而在实际问题中，函数的定义域可由实际意义确定.

类似地，可定义三元及三元以上的函数. 当 $n\geqslant 2$ 时，n 元函数统称为**多元函数**.

例 1　求 $f(x,y)=\dfrac{\arcsin(3-x^2-y^2)}{\sqrt{x-y^2}}$ 的定义域.

解　要使表达式有意义，需要满足

$$\begin{cases}|3-x^2-y^2|\leqslant 1,\\ x-y^2>0,\end{cases}\quad 即\quad \begin{cases}2\leqslant x^2+y^2\leqslant 4,\\ x>y^2,\end{cases}$$

因此，所求定义域(如图 1-14 所示)为 $D=\{(x,y)\mid 2\leqslant x^2+y^2\leqslant 4, x>y^2\}$.

2. 二元函数的几何意义

设函数 $z=f(x,y)$ 的定义域为 D，对于任意取定的 $P(x,y)\in D$，必有唯一的 $z=f(x,y)$ 与之对应. 这样，将变量 x,y,z 作为空间点的坐标，三元有序数组 (x,y,z) 就确定了空间中的一点 $M(x,y,z)$，当 (x,y) 取遍 D 上一切点时，得到一个空间点集 $\{(x,y,z)\mid z=f(x,y),(x,y)\in D\}$，该点集对应三维空间中的图形，称为二元函数 $z=f(x,y)$ 的图形，它是三维空间中的一张曲面(如图 1-15 所示)，定义域 D 是该曲面在 xOy 面上的投影.

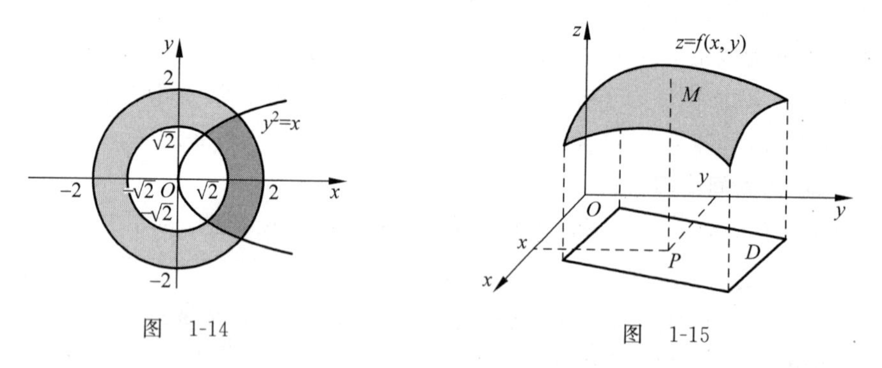

图　1-14　　　　图　1-15

注　(1) 二元函数的定义域是平面上的区域，二元函数的图形是空间的曲面. 如二元函数 $z=\sqrt{a^2-x^2-y^2}$ 的图形是以坐标原点为球心，以 a 为半径的球面的上半球面，定义域则是平面区域

$$D=\{(x,y)\mid x^2+y^2\leqslant a^2\}.$$

(2) 同理，三元函数 $u=f(x,y,z)$ 的定义域是空间的区域. 如函数 $u=\sqrt{R^2-x^2-y^2-z^2}$

的定义域为$\Omega=\{(x,y,z)\mid x^2+y^2+z^2\leqslant R^2\}$. 易见,$\Omega$是空间的球体.

1.2.3 二元函数的极限

极限的概念是一元函数中许多重要概念的理论基础,在二元函数中,极限也起着同样重要的作用.

先回顾一元函数极限$\lim\limits_{x\to a}f(x)=A$存在,是指当$x$趋于$a$时,对应的函数值$f(x)$会趋于一个确定的常数$A$. 也就是说,极限$\lim\limits_{x\to a}f(x)=A$存在,关键看$x$在无限接近于$a$时,$f(x)$与$A$的距离是不是无限的小,至于当$x=a$时,$f(x)$的值究竟是什么,就不重要了. 此外,$x$趋于$a$的方式有两种:可从左边($x<a$)也可以从右边($x>a$)趋向于$a$. 只有$x$从$a$的左边和右边同时趋近$a$时,$f(x)$都趋近同一个值$A$的情况下,该极限才存在.

与一元函数类似,二元函数的极限也反映了函数值随自变量的变化而变化的趋势.

定义 3 设函数$z=f(x,y)$的定义域为D,$P_0(x_0,y_0)$是D的聚点. 如果存在常数A,对于任意给定的正数ε,总存在正数δ,使得当点$P_0(x_0,y_0)\in D\cap\mathring{U}(P_0,\delta)$时,都有$|f(x,y)-A|<\varepsilon$成立,则称$A$为**函数**$z=f(x,y)$**当**$(x,y)\to(x_0,y_0)$**时的极限**. 记为

$$\lim_{\substack{x\to x_0\\y\to y_0}}f(x,y)=A \quad 或 \quad f(x,y)\to A\ ((x,y)\to(x_0,y_0)),$$

也记作

$$\lim_{P\to P_0}f(P)=A \quad 或 \quad f(P)\to A\ (P\to P_0).$$

为了区别于一元函数的极限,我们称二元函数的极限为**二重极限**.

注 (1) 定义中$P\to P_0$的方式有无数种,比起一元函数中$x\to a$仅有左右两种方式要复杂得多. 它不仅可以沿着过点P的直线趋于点P_0,而且可以沿着过点P的任意曲线趋于点P_0. 只有当点P在xOy平面上以任何方式趋于点P_0时,函数$f(x,y)$都趋近于同一个常数A,才称它的极限存在. 如果有一个路径极限不存在,或者至少有两个路径极限存在,但极限值不相等,都称函数极限不存在.

(2) 二元函数极限的性质和运算法则与一元函数类似,关于一元函数的极限唯一性、局部有界性、局部保号性以及夹逼准则等可以相应的推广到二元函数上去.

例 2 试求$\lim\limits_{\substack{x\to 0\\y\to 3}}\dfrac{\sin(xy)}{x}$.

分析 这个式子属于$\dfrac{0}{0}$型未定式,可能会马上联想到洛必达法则,但是对于多元函数来说,洛必达法则失效.

解 由$\lim\limits_{u\to 0}\dfrac{\sin u}{u}=1$,可得

$$\lim_{\substack{x\to 0\\y\to 3}}\frac{\sin(xy)}{x}=\lim_{\substack{x\to 0\\y\to 3}}\frac{\sin(xy)}{xy}\cdot\frac{xy}{x}=\lim_{\substack{x\to 0\\y\to 3}}\frac{\sin(xy)}{xy}\cdot\lim_{\substack{x\to 0\\y\to 3}}y=1\times 3=3.$$

例 3 求$\lim\limits_{\substack{x\to 0\\y\to 0}}(x^2+y^2)\sin\dfrac{1}{x^2+y^2}$.

解 令$u=x^2+y^2$,则

$$\lim_{\substack{x\to 0\\ y\to 0}}(x^2+y^2)\sin\frac{1}{x^2+y^2}=\lim_{u\to 0}u\sin\frac{1}{u}=0.$$

例 4 求$\lim\limits_{\substack{x\to 0\\ y\to 0}}\frac{x^2y}{x^2+y^2}$.

解 由于

$$0\leqslant\left|\frac{x^2y}{x^2+y^2}\right|=\frac{1}{2}\left|\frac{2xy}{x^2+y^2}\cdot x\right|\leqslant\frac{1}{2}|x|,$$

并且$\lim\limits_{x\to 0}\frac{1}{2}|x|=0$,据夹逼准则得

$$\lim_{\substack{x\to 0\\ y\to 0}}\frac{x^2y}{x^2+y^2}=0.$$

例 5 证明$\lim\limits_{\substack{x\to 0\\ y\to 0}}\frac{xy}{x^2+y^2}$不存在.

证明 当点(x,y)沿着$y=kx$(k为常数)趋近$(0,0)$时,有

$$\lim_{\substack{x\to 0\\ y\to 0}}\frac{xy}{x^2+y^2}=\lim_{\substack{x\to 0\\ y=kx}}\frac{x\cdot kx}{x^2+k^2x^2}=\frac{k}{1+k^2},$$

易见,该极限的值随k的变化而变化,故所求极限不存在.

1.2.4 二元函数的连续性

1. 二元函数连续性的概念

定义 4 设二元函数$z=f(x,y)$的定义域为D,$P_0(x_0,y_0)$为D的聚点,且$P_0\in D$. 如果

$$\lim_{\substack{x\to x_0\\ y\to y_0}}f(x,y)=f(x_0,y_0),$$

则称$z=f(x,y)$在点$P_0(x_0,y_0)$处**连续**(continuous),否则称$z=f(x,y)$在点$P_0(x_0,y_0)$处**间断**(discontinuous).

粗略地讲,**连续就是当自变量变化很小时,函数值的变化也很小.**

类似于一元函数连续性的定义,函数$z=f(x,y)$在点$P_0(x_0,y_0)$处连续必须同时满足 3 个条件:

(1) $z=f(x,y)$在点$P_0(x_0,y_0)$处有定义;

(2) $\lim\limits_{\substack{x\to x_0\\ y\to y_0}}f(x,y)$存在;

(3) $\lim\limits_{\substack{x\to x_0\\ y\to y_0}}f(x,y)=f(x_0,y_0)$.

以上 3 个条件中只要有一个条件不满足,函数$z=f(x,y)$在点$P_0(x_0,y_0)$处间断.

例 6 讨论二元函数$f(x,y)=\begin{cases}\frac{x^2y}{x^4+y^2}, & (x,y)\neq(0,0),\\ 0, & (x,y)=(0,0)\end{cases}$在$(0,0)$点处的连续性.

解 当点(x,y)沿着$y=kx^2$(k为常数)趋近$(0,0)$时,有

$$\lim_{\substack{x\to 0\\ y\to 0}}\frac{x^2y}{x^4+y^2}=\lim_{\substack{x\to 0\\ y=kx^2}}\frac{x^2\cdot kx^2}{x^4+k^2x^4}=\frac{k}{1+k^2}.$$

易见，该极限值随 k 的变化而变化，故该函数在(0,0)点处的极限不存在，因此该函数在(0,0)点处不连续.

由例 4 可知二元函数 $f(x,y)=\begin{cases}\dfrac{x^2y}{x^2+y^2}, & (x,y)\neq(0,0),\\ 0, & (x,y)=(0,0)\end{cases}$ 在(0,0)点处是连续的.

如果二元函数 $z=f(x,y)$ 在区域 D 内每一点都连续，则称该函数在**区域 D 内连续**. 在区域 D 上连续的二元函数的图形是区域 D 上的一张连续曲面，曲面上没有洞，也没有撕裂的地方.

与一元函数类似，二元连续函数经过四则运算和复合运算后仍为二元连续函数. 由 x 和 y 的基本初等函数经过有限次的四则运算和复合所构成的可用一个式子表示的二元函数称为**二元初等函数**.

一切二元初等函数在其定义区域内是连续的，这里的定义区域是指包含在定义域内的区域或闭区域. 利用这个结论，当要求某个二元初等函数在其定义区域内一点的极限时，只要算出函数在该点的函数值即可.

例 7 求 $\lim\limits_{\substack{x\to 0\\ y\to 1}}\dfrac{y+\cos x}{x+y}$.

解 因初等函数 $f(x,y)=\dfrac{y+\cos x}{x+y}$ 在(0,1)点处连续，故

$$\lim_{\substack{x\to 0\\ y\to 1}}\frac{y+\cos x}{x+y}=\frac{1+\cos 0}{0+1}=2.$$

2. 闭区域上连续函数的性质

在有界闭区域 D 上连续的二元函数也有类似于一元连续函数在闭区间上所满足的定理，具体如下.

定理 1(最大值和最小值定理) 在有界闭区域 D 上的二元连续函数，能取得最大值和最小值.

定理 2(有界性定理) 在有界闭区域 D 上的二元连续函数在 D 上一定有界.

定理 3(介值定理) 有界闭区域 D 上的二元连续函数能够取得最大值与最小值之间所有的值.

证明略.

习题 1.2

1. 求下列函数的定义域：

(1) $z=\sqrt{1-\dfrac{x^2}{a^2}-\dfrac{y^2}{b^2}}$；

(2) $z=\ln(y^2-2x+1)$；

(3) $z=\arcsin\dfrac{y}{x}$；

(4) $z=\dfrac{\arctan\dfrac{y}{x}}{\sqrt{4-x^2-y^2}}$；

(5) $z=\dfrac{\sqrt{4x-y^2}}{\ln(1-x^2-y^2)}$；

(6) $z=\sqrt{x-\sqrt{y}}$.

2. 求下列函数的极限：

(1) $\lim\limits_{\substack{x\to 0\\ y\to 1}}\dfrac{1-2xy}{x^2+y^2}$；　　(2) $\lim\limits_{\substack{x\to \infty\\ y\to \infty}}\dfrac{1}{x^2+y^2}$；

(3) $\lim\limits_{\substack{x\to 0\\ y\to 0}}\dfrac{\sin[3(x^2+y^2)]}{x^2+y^2}$；　　(4) $\lim\limits_{\substack{x\to 0\\ y\to 0}}xy\sin\dfrac{1}{x^2+y^2}$；

(5) $\lim\limits_{\substack{x\to 0\\ y\to 0}}\dfrac{2-\sqrt{xy+4}}{xy}$；　　(6) $\lim\limits_{\substack{x\to 0\\ y\to 0}}\dfrac{xy}{\sqrt{xy+1}-1}$.

3. 证明下列极限不存在：

(1) $\lim\limits_{\substack{x\to 0\\ y\to 0}}\dfrac{x^3y}{x^6+y^2}$；　　(2) $\lim\limits_{\substack{x\to 0\\ y\to 0}}\dfrac{x-y}{x+y}$.

4. 证明函数 $f(x,y)=\begin{cases}\dfrac{xy}{\sqrt{x^2+y^2}}, & x^2+y^2\neq 0,\\ 0, & x^2+y^2=0\end{cases}$ 在点(0,0)处连续.

提高题

1. 求下列函数的极限：

(1) $\lim\limits_{\substack{x\to 0\\ y\to 0}}(1-xy)^{\frac{1}{x}}$；　　(2) $\lim\limits_{\substack{x\to +\infty\\ y\to +\infty}}\left(\dfrac{xy}{x^2+y^2}\right)^{x^2}$.

2. 讨论二元函数

$$f(x,y)=\begin{cases}\dfrac{x^2y^2}{x^2y^2+(x-y)^2}, & (x,y)\neq(0,0),\\ 0, & (x,y)=(0,0)\end{cases}$$

在(0,0)点处的连续性.

1.3 偏导数与高阶偏导数

在研究一元函数时，一元函数的导数是研究函数性质非常重要的工具，我们从研究函数的变化率引入了导数的概念. 实际问题中，我们常常需要了解一个受到多种因素制约的变量，在其他因素固定不变的情况下，该变量只随一种因素变化的变化率问题，反映在数学上就是多元函数在其他自变量固定不变，函数只随一个自变量变化的变化率问题，这就是偏导数.

1.3.1 偏导数的定义及其计算法

1. 偏导数的定义

以二元函数 $z=f(x,y)$ 为例，如果只有自变量 x 变化，而自变量 y 看作常量 $y=y_0$（即 y 固定），则函数 $z=f(x,y_0)$ 就是 x 的一元函数，该函数对 x 的导数，就称为二元函数 $z=f(x,y)$ 对 x 的偏导数.

定义 1 设函数 $z=f(x,y)$ 在点 (x_0,y_0) 的某一邻域内有定义，当 y 固定在 y_0 而 x 在 x_0 处有增量 Δx 时，相应地函数有增量

$$\Delta z=f(x_0+\Delta x,y_0)-f(x_0,y_0),$$

如果

$$\lim_{\Delta x\to 0}\frac{f(x_0+\Delta x,y_0)-f(x_0,y_0)}{\Delta x}$$

存在，则称此极限为函数 $z=f(x,y)$ 在点 (x_0,y_0) 处**对 x 的偏导数**(partial derivative)，记为

$$\left.\frac{\partial z}{\partial x}\right|_{\substack{x=x_0\\y=y_0}},\quad \left.\frac{\partial f}{\partial x}\right|_{\substack{x=x_0\\y=y_0}},\quad \left.z_x\right|_{\substack{x=x_0\\y=y_0}}\quad 或\quad f_x(x_0,y_0).$$

例如

$$f_x(x_0,y_0)=\lim_{\Delta x\to 0}\frac{f(x_0+\Delta x,y_0)-f(x_0,y_0)}{\Delta x}.$$

类似地，函数 $z=f(x,y)$ 在点 (x_0,y_0) 处**对 y 的偏导数**为

$$\lim_{\Delta y\to 0}\frac{f(x_0,y_0+\Delta y)-f(x_0,y_0)}{\Delta y},$$

记为

$$\left.\frac{\partial z}{\partial y}\right|_{\substack{x=x_0\\y=y_0}},\quad \left.\frac{\partial f}{\partial y}\right|_{\substack{x=x_0\\y=y_0}},\quad \left.z_y\right|_{\substack{x=x_0\\y=y_0}}\quad 或\quad f_y(x_0,y_0).$$

如果函数 $z=f(x,y)$ 在区域 D 内任意点 (x,y) 处对 x 的偏导数都存在，则这个偏导数仍然是 x,y 的二元函数，称它为函数 $z=f(x,y)$ 对**自变量 x 的偏导函数**(简称偏导数)，记作 $\frac{\partial z}{\partial x},\frac{\partial f}{\partial x},z_x$ 或 $f_x(x,y)$.

同理可以定义函数 $z=f(x,y)$ 对**自变量 y 的偏导函数**，记作 $\frac{\partial z}{\partial y},\frac{\partial f}{\partial y},z_y$ 或 $f_y(x,y)$.

注 (1) 对一元函数而言，导数 $\frac{\mathrm{d}y}{\mathrm{d}x}$ 可看作函数的微分 $\mathrm{d}y$ 与自变量的微分 $\mathrm{d}x$ 的商. 但偏导数的记号，例如 $\frac{\partial f}{\partial x}$ 是一个整体记号，不能看作是分子与分母之商.

(2) 由偏导函数的概念可知，偏导数 $f_x(x_0,y_0)$ 就是偏导函数 $f_x(x,y)$ 在点 (x_0,y_0) 处的函数值；偏导数 $f_y(x_0,y_0)$ 就是偏导函数 $f_y(x,y)$ 在点 (x_0,y_0) 处的函数值. 偏导函数也简称偏导数.

偏导数的概念可以推广到二元以上的函数，如三元函数 $u=f(x,y,z)$ 在点 (x,y,z) 处的偏导数为

$$f_x(x,y,z)=\lim_{\Delta x\to 0}\frac{f(x+\Delta x,y,z)-f(x,y,z)}{\Delta x},$$

$$f_y(x,y,z)=\lim_{\Delta y\to 0}\frac{f(x,y+\Delta y,z)-f(x,y,z)}{\Delta y},$$

$$f_z(x,y,z)=\lim_{\Delta z\to 0}\frac{f(x,y,z+\Delta z)-f(x,y,z)}{\Delta z}.$$

2. 偏导数的计算

由偏导数的定义可知，多元函数的偏导数其实质就是多元函数分别关于每一个自变量的导数，因为这里只有一个自变量在变动，其余的自变量都看作是固定的(看作常量). 所以多元函数求偏导数时可直接利用一元函数的求导方法、求导法则和求导公式来计算.

例1 求函数 $z=x^4+y^4-4x^2y^2$ 在点(1,2)处的偏导数.

解 把 y 看作常数,对 x 求导得

$$\frac{\partial z}{\partial x}=4x^3-8xy^2.$$

把 x 看作常数,对 y 求导得

$$\frac{\partial z}{\partial y}=4y^3-8x^2y.$$

于是

$$\left.\frac{\partial z}{\partial x}\right|_{\substack{x=1\\y=2}}=4\times1-8\times1\times2^2=-28,\quad \left.\frac{\partial z}{\partial y}\right|_{\substack{x=1\\y=2}}=4\times2^3-8\times1\times2=16.$$

例2 求函数 $z=\sin(3x+y^2)$ 的偏导数.

解 把 y 看作常数,对 x 求导得

$$\frac{\partial z}{\partial x}=3\cos(3x+y^2).$$

把 x 看作常数,对 y 求导得

$$\frac{\partial z}{\partial y}=2y\cos(3x+y^2).$$

例3 求函数 $z=x\ln\sqrt{x^2+y^2}$ 的偏导数.

解 因为 $z=x\cdot\frac{1}{2}\ln(x^2+y^2)$,所以,把 y 看作常数,对 x 求导得

$$\frac{\partial z}{\partial x}=\frac{1}{2}\ln(x^2+y^2)+\frac{x^2}{x^2+y^2}.$$

把 x 看作常数,对 y 求导得

$$\frac{\partial z}{\partial y}=\frac{xy}{x^2+y^2}.$$

例4 设函数 $z=x^y(x>0,x\neq1)$,求证 $\frac{x}{y}\frac{\partial z}{\partial x}+\frac{1}{\ln x}\frac{\partial z}{\partial y}=2z$.

证明 把 y 看作常数,对 x 求导得

$$\frac{\partial z}{\partial x}=yx^{y-1}.$$

把 x 看作常数,对 y 求导得

$$\frac{\partial z}{\partial y}=x^y\ln x.$$

所以

$$\frac{x}{y}\frac{\partial z}{\partial x}+\frac{1}{\ln x}\frac{\partial z}{\partial y}=\frac{x}{y}yx^{y-1}+\frac{1}{\ln x}x^y\ln x=x^y+x^y=2z.$$

例5 求函数 $r=\sqrt{x^2+y^2+z^2}$ 的偏导数.

解 把 y 和 z 看作常数,对 x 求导得

$$\frac{\partial r}{\partial x}=\frac{2x}{2\sqrt{x^2+y^2+z^2}}=\frac{x}{r}.$$

把 x 和 z 看作常数,对 y 求导得

$$\frac{\partial r}{\partial y}=\frac{2y}{2\sqrt{x^2+y^2+z^2}}=\frac{y}{r}.$$

把 x 和 y 看作常数，对 z 求导得

$$\frac{\partial r}{\partial z}=\frac{2z}{2\sqrt{x^2+y^2+z^2}}=\frac{z}{r}.$$

例 6 求函数 $f(x,y)=\begin{cases}\dfrac{x^2y}{x^4+y^2}, & (x,y)\neq(0,0),\\ 0, & (x,y)=(0,0)\end{cases}$ 在点(0,0)处的偏导数.

分析 与一元函数类似，计算分段函数在分段点处的偏导数要利用偏导数的定义来求.

解 根据偏导数的定义，该函数在点(0,0)处的偏导数为

$$f_x(0,0)=\lim_{\Delta x\to 0}\frac{f(0+\Delta x,0)-f(0,0)}{\Delta x}=\lim_{\Delta x\to 0}\frac{0}{\Delta x}=0,$$

$$f_y(0,0)=\lim_{\Delta y\to 0}\frac{f(0,0+\Delta y)-f(0,0)}{\Delta y}=\lim_{\Delta x\to 0}\frac{0}{\Delta y}=0.$$

然而，由 1.2 节的例 6 可知，该函数在点(0,0)处是不连续的.

注 (1) 例 6 表明，虽然对一元函数而言，如果函数在某点导数存在，则它在该点必定连续. 然而对多元函数而言，在某点偏导数存在，它在该点却不一定连续. 这是多元函数与一元函数的重要区别之一.

(2) 在计算多元分段函数在分段点处的偏导数时，与一元函数类似，要利用偏导数的定义来求.

3. 偏导数的几何意义

二元函数 $z=f(x,y)$ 在点 (x_0,y_0) 处对 x 的偏导数 $f_x(x_0,y_0)$，表示曲面 $z=f(x,y)$ 与平面 $y=y_0$ 的交线在空间点 $M_0(x_0,y_0,f(x_0,y_0))$ 处的切线 M_0T_x 对 x 轴正向的斜率. 同理，偏导数 $f_y(x_0,y_0)$ 表示曲面 $z=f(x,y)$ 与平面的交线在空间点 M_0 处的切线 M_0T_y 对 y 轴正向的斜率(如图 1-16 所示).

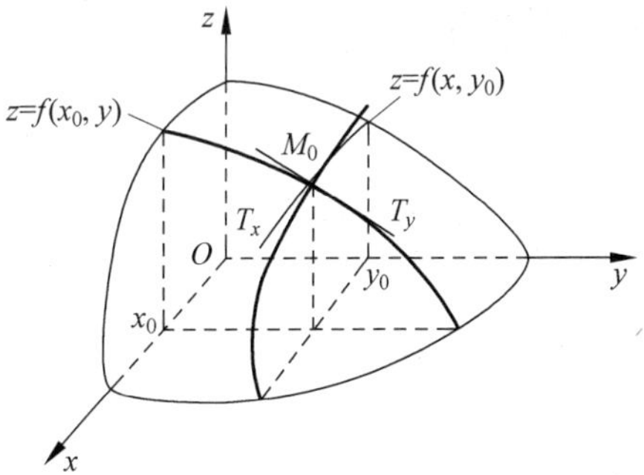

图 1-16

1.3.2 高阶偏导数

由前面的例题可见，所给的二元函数分别对 x 和 y 求偏导后，所得到的新函数仍然是 x,y 的函数.

一般地，设函数 $z=f(x,y)$ 在区域 D 内具有偏导数

$$\frac{\partial z}{\partial x}=f_x(x,y),\quad \frac{\partial z}{\partial y}=f_y(x,y),$$

则在 D 内 $f_x(x,y)$ 和 $f_y(x,y)$ 都是 x,y 的函数. 如果这两个函数的偏导数也存在，则称它们为函数 $z=f(x,y)$ 的**二阶偏导数**(second order partial derivatives). 按照对变量求导次序的不同，共有下列四种二阶偏导数：

$$\frac{\partial}{\partial x}\left(\frac{\partial z}{\partial x}\right)=\frac{\partial^2 z}{\partial x^2}=f_{xx}(x,y),\quad \frac{\partial}{\partial y}\left(\frac{\partial z}{\partial y}\right)=\frac{\partial^2 z}{\partial y^2}=f_{yy}(x,y)\quad（纯偏导数）;$$

$$\frac{\partial}{\partial y}\left(\frac{\partial z}{\partial x}\right)=\frac{\partial^2 z}{\partial x\partial y}=f_{xy}(x,y),\quad \frac{\partial}{\partial x}\left(\frac{\partial z}{\partial y}\right)=\frac{\partial^2 z}{\partial y\partial x}=f_{yx}(x,y)\quad（混合偏导数）.$$

类似地，可以定义三阶、四阶以及 n 阶偏导数. 我们把二阶及二阶以上的偏导数统称为**高阶偏导数**(higher order partial derivatives).

例 7　设 $z=2x^3+3x^2y-3xy^2+x-y$，求 $\frac{\partial^2 z}{\partial x^2},\frac{\partial^2 z}{\partial y\partial x},\frac{\partial^2 z}{\partial x\partial y},\frac{\partial^2 z}{\partial y^2}$.

解　先求一阶偏导数：

$$\frac{\partial z}{\partial x}=6x^2+6xy-3y^2+1,\quad \frac{\partial z}{\partial y}=3x^2-6xy-1.$$

再求二阶偏导数：

$$\frac{\partial^2 z}{\partial x^2}=12x+6y,\quad \frac{\partial^2 z}{\partial y^2}=-6x;$$

$$\frac{\partial^2 z}{\partial x\partial y}=6x-6y,\quad \frac{\partial^2 z}{\partial y\partial x}=6x-6y.$$

例 8　设 $z=e^{3x}\cos 2y$，求 $\frac{\partial^2 z}{\partial x^2},\frac{\partial^2 z}{\partial y\partial x},\frac{\partial^2 z}{\partial x\partial y},\frac{\partial^2 z}{\partial y^2},\frac{\partial^3 z}{\partial x^3}$.

解　一阶偏导数为

$$\frac{\partial z}{\partial x}=3e^{3x}\cos 2y,\quad \frac{\partial z}{\partial y}=-2e^{3x}\sin 2y.$$

二阶偏导数为

$$\frac{\partial^2 z}{\partial x^2}=9e^{3x}\cos 2y,\quad \frac{\partial^2 z}{\partial y^2}=-4e^{3x}\cos 2y;$$

$$\frac{\partial^2 z}{\partial x\partial y}=-6e^{3x}\sin 2y,\quad \frac{\partial^2 z}{\partial y\partial x}=-6e^{3x}\sin 2y.$$

三阶偏导数为

$$\frac{\partial^3 z}{\partial x^3}=27e^{3x}\cos 2y.$$

问题：混合偏导数 $\frac{\partial^2 z}{\partial x\partial y},\frac{\partial^2 z}{\partial y\partial x}$ 都相等吗？

例 9　设 $f(x,y)=\begin{cases}\frac{x^3y}{x^2+y^2}, & (x,y)\neq(0,0),\\ 0, & (x,y)=(0,0).\end{cases}$ 求 $f(x,y)$ 在 $(0,0)$ 点处的二阶混合偏导数.

解　当 $(x,y)\neq(0,0)$ 时，有

$$f_x(x,y)=\frac{3x^2y(x^2+y^2)-2x\cdot x^3y}{(x^2+y^2)^2}=\frac{3x^2y}{x^2+y^2}-\frac{2x^4y}{(x^2+y^2)^2},$$

$$f_y(x,y)=\frac{x^3}{x^2+y^2}-\frac{2x^3y^2}{(x^2+y^2)^2}.$$

当 $(x,y)=(0,0)$ 时，由偏导数的定义可知

$$f_x(0,0)=\lim_{\Delta x\to 0}\frac{f(0+\Delta x,0)-f(0,0)}{\Delta x}=\lim_{\Delta x\to 0}\frac{0}{\Delta x}=0,$$

$$f_y(0,0)=\lim_{\Delta y\to 0}\frac{f(0,0+\Delta y)-f(0,0)}{\Delta y}=\lim_{\Delta y\to 0}\frac{0}{\Delta y}=0,$$

$$f_{xy}(0,0)=\lim_{\Delta y\to 0}\frac{f_x(0,0+\Delta y)-f_x(0,0)}{\Delta y}=0,$$

$$f_{yx}(0,0)=\lim_{\Delta x\to 0}\frac{f_y(0+\Delta x,0)-f_y(0,0)}{\Delta x}=1,$$

显然 $f_{xy}(0,0)\neq f_{yx}(0,0)$.

问题：具备怎样的条件混合偏导数才相等？

定理 1 如果函数 $z=f(x,y)$的两个二阶混合偏导数$\frac{\partial^2 z}{\partial x\partial y}$及$\frac{\partial^2 z}{\partial y\partial x}$在区域 D 内连续，则在该区域内有$\frac{\partial^2 z}{\partial y\partial x}=\frac{\partial^2 z}{\partial x\partial y}$.

证明略.

定理表明，二阶混合偏导数在连续的条件下与求导次序无关.不仅如此，高阶混合偏导数(包括二阶以上的)在连续的条件下也与求导次序无关.

例 10 证明函数 $u=\frac{1}{\sqrt{x^2+y^2+z^2}}$满足方程$\frac{\partial^2 u}{\partial x^2}+\frac{\partial^2 u}{\partial y^2}+\frac{\partial^2 u}{\partial z^2}=0$.

证明 因为

$$\frac{\partial u}{\partial x}=-\frac{x}{(x^2+y^2+z^2)^{\frac{3}{2}}},\quad \frac{\partial^2 u}{\partial x^2}=-\frac{x^2+y^2+z^2-3x^2}{(x^2+y^2+z^2)^{\frac{5}{2}}}.$$

同理可得

$$\frac{\partial^2 u}{\partial y^2}=-\frac{x^2+y^2+z^2-3y^2}{(x^2+y^2+z^2)^{\frac{5}{2}}},\quad \frac{\partial^2 u}{\partial z^2}=-\frac{x^2+y^2+z^2-3z^2}{(x^2+y^2+z^2)^{\frac{5}{2}}}.$$

所以

$$\frac{\partial^2 u}{\partial x^2}+\frac{\partial^2 u}{\partial y^2}+\frac{\partial^2 u}{\partial z^2}=0.$$

方程$\frac{\partial^2 u}{\partial x^2}+\frac{\partial^2 u}{\partial y^2}+\frac{\partial^2 u}{\partial z^2}=0$ 叫做**拉普拉斯**(Laplace)方程，它是数学物理方程中一种非常重要的方程.

习题 1.3

1. 求下列函数的一阶偏导数：

(1) $z=x^2+3xy+y^2$；

(2) $z=x^2\sin(2y)$；

(3) $z=\sin(xy)+\cos^2(xy)$；

(4) $z=\sqrt{\ln(xy)}$；

(5) $z=e^{x^2}\sin(x+2y^2)$；

(6) $u=\sin(x+y^2-e^z)$.

2. 设 $f(x,y)=\sqrt{25-x^2-y^2}$，求 $f_x(2\sqrt{2},3)$，$f_y(2\sqrt{2},3)$.

3. 求下列函数的高阶偏导数：

(1) 设 $z=4x^3+3x^2y-3xy^2-x+y$，求$\frac{\partial^2 z}{\partial x^2}$，$\frac{\partial^2 z}{\partial y\partial x}$，$\frac{\partial^2 z}{\partial x\partial y}$，$\frac{\partial^2 z}{\partial y^2}$；

(2) 设 $z=x\ln(x+y)$，求 $\frac{\partial^2 z}{\partial x^2},\frac{\partial^2 z}{\partial y\partial x},\frac{\partial^2 z}{\partial x\partial y},\frac{\partial^2 z}{\partial y^2}$；

(3) 设 $z=e^{xy}+\sin(x+y)$，求 $\frac{\partial^2 z}{\partial x^2},\frac{\partial^2 z}{\partial y\partial x},\frac{\partial^2 z}{\partial x\partial y},\frac{\partial^2 z}{\partial y^2},\frac{\partial^3 z}{\partial x^3}$；

(4) 设 $z=x\ln(xy)$，求 $\frac{\partial^3 z}{\partial x^2\partial y}$；

(5) 设 $z=x^3\sin y+y^3\sin x$，求 $\frac{\partial^2 z}{\partial x\partial y}$.

4. 设 $f(x,y,z)=xy^2+yz^2+zx^2$，求 $f_{xx}(0,0,1)$，$f_{xz}(1,0,2)$，$f_{yz}(0,-1,0)$ 及 $f_{zzx}(2,0,1)$.

5. 验证函数 $u(x,y)=\ln\sqrt{x^2+y^2}$ 满足方程 $\frac{\partial^2 u}{\partial x^2}+\frac{\partial^2 u}{\partial y^2}=0$.

提高题

1. 求下列函数的一阶偏导数：

(1) $z=\arcsin\left(\frac{y^2}{x}\right)$；　　(2) $z=y^{\sin x}\ln(x^2+y^2)$；

(3) $z=\int_0^{\sqrt{xy}} e^{-t^2}\,dt\ (x>0,y>0)$；　　(4) $u=x^{\frac{y}{z}}$.

2. 设 $z=x^y y^x$，验证：$x\frac{\partial z}{\partial x}+y\frac{\partial z}{\partial y}=z(x+y+\ln z)$.

3. 设 $f(x,y)=\begin{cases} xy\frac{x^2-y^2}{x^2+y^2}, & (x,y)\neq(0,0), \\ 0, & (x,y)=(0,0). \end{cases}$ 试求 $f_{xy}(0,0)$ 及 $f_{yx}(0,0)$.

1.4 全微分及其应用

偏导数仅描述了多元函数只有一个自变量变化，而其他自变量不变时函数的变化特征. 为了更好地描述所有的自变量同时发生变化时，函数的变化特征，需要引入全微分的概念.

1.4.1 全微分的定义

我们知道，一元函数 $y=f(x)$ 在某点 x 处可导，则函数的增量 Δy 与微分 dy 之间存在如下关系：

$$\Delta y\approx dy=f'(x)\Delta x.$$

而二元函数对某个自变量的偏导数表示当另一个自变量固定(看作常量)时，因变量对该自变量的变化率. 因此，有

$$f(x+\Delta x,y)-f(x,y)\approx f_x(x,y)\Delta x,$$
$$f(x,y+\Delta y)-f(x,y)\approx f_y(x,y)\Delta y.$$

上面两式左端分别称为二元函数对 x 和对 y 的**偏增量**，而右端分别称为二元函数对 x 和对 y 的**偏微分**.

在实际问题中，有时需要研究多元函数中各个自变量都取得增量时因变量所获得的增量，即所谓全增量的问题. 下面以二元函数为例进行讨论.

如果函数 $z=f(x,y)$ 在点 $P(x,y)$ 的某邻域内有定义，并设 $Q(x+\Delta x,y+\Delta y)$ 为该邻域内的任意一点，则称

$$f(x+\Delta x,y+\Delta y)-f(x,y)$$

为函数在点 P 对应于自变量增量 $\Delta x,\Delta y$ 的**全增量**，记为 Δz，即

$$\Delta z=f(x+\Delta x,y+\Delta y)-f(x,y).$$

一般情况下，计算全增量比较复杂. 与一元函数类似，我们也希望用自变量的增量 Δx，Δy 的线性函数来近似地代替函数的全增量 Δz，由此引入下面的定义.

定义 1 如果函数 $z=f(x,y)$ 在点 (x,y) 的全增量

$$\Delta z=f(x+\Delta x,y+\Delta y)-f(x,y)$$

可以表示为

$$\Delta z=A\Delta x+B\Delta y+o(\rho),$$

其中 A,B 不依赖于 $\Delta x,\Delta y$ 而仅与 x,y 有关，$\rho=\sqrt{(\Delta x)^2+(\Delta y)^2}$，则称函数 $z=f(x,y)$ 在点 (x,y) **可微分**，而 $A\Delta x+B\Delta y$ 称为函数 $z=f(x,y)$ 在点 (x,y) 的**全微分**(total differential)，记为 $\mathrm{d}z$，即

$$\mathrm{d}z=A\Delta x+B\Delta y.$$

若函数在区域 D 内每一点处都可微分，则称该函数**在 D 内可微分**.

1.4.2 函数可微的条件

在一元函数中，可微与可导等价，并且可微(可导)一定连续，那么二元函数 $z=f(x,y)$ 在点 (x,y) 处的全微分、偏导数和连续性之间存在怎样的关系？与一元函数有哪些异同？下面我们根据多元函数全微分和偏导数的定义，首先来讨论函数在一点可微分的条件.

定理 1(必要条件) 如果函数 $z=f(x,y)$ 在点 (x,y) 处可微分，则有：

(1) $z=f(x,y)$ 在点 (x,y) 处连续；

(2) $z=f(x,y)$ 在点 (x,y) 处的偏导数 $\dfrac{\partial z}{\partial x},\dfrac{\partial z}{\partial y}$ 存在，且 $z=f(x,y)$ 在点 (x,y) 处的全微分为

$$\mathrm{d}z=\frac{\partial z}{\partial x}\Delta x+\frac{\partial z}{\partial y}\Delta y. \tag{1-5}$$

证明 (1) 由于 $z=f(x,y)$ 在点 (x,y) 处可微，则有

$$\Delta z=A\Delta x+B\Delta y+o(\rho).$$

于是

$$\lim_{\rho\to 0^+}\Delta z=0,$$

从而

$$\lim_{(\Delta x,\Delta y)\to(0,0)}f(x+\Delta x,y+\Delta y)=\lim_{(\Delta x,\Delta y)\to(0,0)}[f(x,y)+\Delta z]=f(x,y),$$

即 $z=f(x,y)$ 在点 (x,y) 处连续.

(2) 由于 $z=f(x,y)$ 在点 (x,y) 处可微，于是在点 (x,y) 的某一邻域内有

$$f(x+\Delta x,y+\Delta y)-f(x,y)=A\Delta x+B\Delta y+o(\rho).$$

特别地，当 $\Delta y=0$ 时，上式变为

$$f(x+\Delta x,y)-f(x,y)=A\Delta x+o(|\Delta x|).$$

将上式两端同时除以 Δx，再令 $\Delta x \to 0$，则得

$$\lim_{\Delta x \to 0} \frac{f(x+\Delta x, y) - f(x,y)}{\Delta x} = A.$$

从而偏导数 $\frac{\partial z}{\partial x}$ 存在，且 $\frac{\partial z}{\partial x} = A$. 同样可证 $\frac{\partial z}{\partial y}$ 存在，且 $\frac{\partial z}{\partial y} = B$. 所以有

$$\mathrm{d}z = \frac{\partial z}{\partial x}\Delta x + \frac{\partial z}{\partial y}\Delta y.$$

我们知道，一元函数的可微与可导等价. 由定理 1 可知，二元函数可微，则其两个偏导数一定存在；但反之，二元函数的两个偏导数存在却不一定可微. 例如，函数

$$f(x,y) = \sqrt{|xy|}$$

在点(0,0)处两个偏导数都存在，即

$$f_x(0,0) = \lim_{\Delta x \to 0} \frac{f(0+\Delta x, 0) - f(0,0)}{\Delta x} = \lim_{\Delta x \to 0} \frac{0-0}{\Delta x} = 0,$$

$$f_y(0,0) = \lim_{\Delta y \to 0} \frac{f(0, 0+\Delta y) - f(0,0)}{\Delta y} = \lim_{\Delta y \to 0} \frac{0-0}{\Delta y} = 0.$$

然而，它在点(0,0)处不可微. 因为

$$\Delta z - [f_x(0,0)\Delta x + f_y(0,0)\Delta y] = \sqrt{|\Delta x \Delta y|}.$$

如果考虑点 $P'(\Delta x, \Delta y)$ 沿着直线 $y=x$ 趋近于(0,0)，则

$$\lim_{\rho \to 0^+} \frac{\sqrt{|\Delta x \Delta y|}}{\rho} = \lim_{\substack{\Delta x \to 0 \\ \Delta y \to 0}} \frac{\sqrt{|\Delta x \Delta y|}}{\sqrt{\Delta x^2 + \Delta y^2}} = \lim_{\Delta x \to 0} \frac{|\Delta x|}{\sqrt{(\Delta x)^2 + (\Delta x)^2}} = \frac{1}{\sqrt{2}} \neq 0,$$

故当 $\rho \to 0^+$ 时，$\Delta z - [f_x(0,0)\Delta x + f_y(0,0)\Delta y]$ 比 ρ 不是高阶无穷小，所以该函数在点(0,0)处不可微.

综上说明，二元函数的各偏导数存在只是全微分存在的必要条件而非充分条件. 多元函数的偏导数仅描述了函数在一点处沿坐标轴的变化率，而全微分描述了函数沿各个方向的变化情况. 所以，在某点处仅仅偏导存在并不能保证函数在该点处可微. 但如果对偏导数再加些条件，就可以保证函数的可微性. 一般地，我们有下面的结论.

定理 2（充分条件） 如果函数 $z=f(x,y)$ 的偏导数 $\frac{\partial z}{\partial x}, \frac{\partial z}{\partial y}$ 在点 (x,y) 处连续，则函数在该点处可微分.

证明略.

以上关于二元函数全微分的定义，以及可微分的必要条件和充分条件，可以类似地推广到三元和三元以上的多元函数.

多元函数的可微、偏导存在与连续之间的关系，如图 1-17 所示.

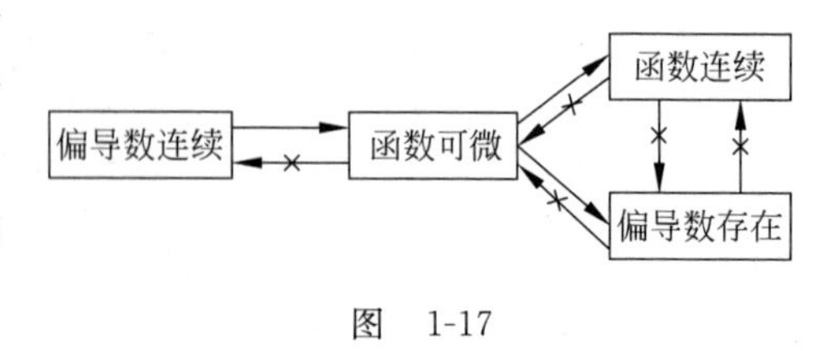

图 1-17

1.4.3 全微分的计算

习惯上，常将自变量的增量 $\Delta x, \Delta y$ 分别记为 $\mathrm{d}x$ 和 $\mathrm{d}y$，并分别称为自变量的微分. 据式(1-5)，函数 $z=f(x,y)$ 的全微分可表示为

$$\mathrm{d}z = \frac{\partial z}{\partial x}\mathrm{d}x + \frac{\partial z}{\partial y}\mathrm{d}y.$$

通常我们把二元函数的全微分等于它的两个偏微分之和称为二元函数的微分符合叠加原理.

叠加原理也适用于二元以上的函数.例如,三元函数 $u=f(x,y,z)$ 的全微分可表示为

$$du = \frac{\partial u}{\partial x}dx + \frac{\partial u}{\partial y}dy + \frac{\partial u}{\partial z}dz.$$

例 1 求函数 $z=x^2y^3+3xy^4$ 的全微分.

解 因为

$$\frac{\partial z}{\partial x} = 2xy^3 + 3y^4,\quad \frac{\partial z}{\partial y} = 3x^2y^2 + 12xy^3,$$

所求全微分

$$dz = (2xy^3 + 3y^4)dx + (3x^2y^2 + 12xy^3)dy.$$

例 2 计算函数 $z=e^{xy}$ 在点(1, 2)处的全微分.

解 因为

$$\frac{\partial z}{\partial x} = ye^{xy},\quad \frac{\partial z}{\partial y} = xe^{xy},$$

所以

$$\left.\frac{\partial z}{\partial x}\right|_{(1,2)} = 2e^2,\quad \left.\frac{\partial z}{\partial y}\right|_{(1,2)} = e^2,$$

因此,所求全微分

$$dz = 2e^2dx + e^2dy.$$

例 3 求函数 $u=x+\sin\frac{y}{2}+e^{yz}$ 的全微分.

解 因为

$$\frac{\partial u}{\partial x} = 1,\quad \frac{\partial u}{\partial y} = \frac{1}{2}\cos\frac{y}{2} + ze^{yz},\quad \frac{\partial u}{\partial z} = ye^{yz},$$

故所求全微分

$$du = dx + \left(\frac{1}{2}\cos\frac{y}{2} + ze^{yz}\right)dy + ye^{yz}dz.$$

*1.4.4 全微分在近似计算中的应用

根据全微分的定义以及全微分存在的充分条件可知,当二元函数 $z=f(x,y)$ 在点 $P(x,y)$ 处的两个偏导数 $f_x(x,y)$, $f_y(x,y)$ 连续,且 $|\Delta x|$, $|\Delta y|$ 都较小时,有

$$\Delta z \approx dz = f_x(x,y)\Delta x + f_y(x,y)\Delta y.$$

由于 $\Delta z=f(x+\Delta x,y+\Delta y)-f(x,y)$,即可得到二元函数的全微分近似计算公式

$$f(x+\Delta x,y+\Delta y) \approx f(x,y) + f_x(x,y)\Delta x + f_y(x,y)\Delta y.$$

上式表明点(x,y)附近$(x+\Delta x,y+\Delta y)$的函数值 $f(x+\Delta x,y+\Delta y)$ 可由 Δx 和 Δy 的线性函数来近似计算.因此,利用上式可以对二元函数作近似计算和误差估计.

例 4 计算$(1.04)^{2.02}$的近似值.

解 设函数 $f(x,y)=x^y$.取 $x=1,y=2,\Delta x=0.04,\Delta y=0.02$.因为

$$f(1,2)=1,\quad f_x(x,y)=yx^{y-1},\quad f_y(x,y)=x^y\ln x,\quad f_x(1,2)=2,\quad f_y(1,2)=0,$$

由二元函数全微分近似计算公式得

$$(1.04)^{2.02} \approx 1 + 2\times 0.04 + 0\times 0.02 = 1.08.$$

例 5 测得矩形盒的边长为 75cm,60cm 以及 40cm,且可能的最大测量误差为 0.2cm.试用全微分估计利用这些测量值计算盒子体积时可能带来的最大误差.

解 以 x,y,z 为边长的矩形盒的体积为 $V=xyz$,所以

$$\mathrm{d}V = \frac{\partial V}{\partial x}\mathrm{d}x + \frac{\partial V}{\partial y}\mathrm{d}y + \frac{\partial V}{\partial z}\mathrm{d}z = yz\mathrm{d}x + xz\mathrm{d}y + xy\mathrm{d}z.$$

由于已知 $|\Delta x|\leqslant 0.2$,$|\Delta y|\leqslant 0.2$,$|\Delta z|\leqslant 0.2$,为了求体积的最大误差,取 $\mathrm{d}x=\mathrm{d}y=\mathrm{d}z=0.2$,再结合 $x=75$,$y=60$,$z=40$,得

$$\Delta V \approx \mathrm{d}V = 60\times 40\times 0.2 + 75\times 40\times 0.2 + 75\times 60\times 0.2 = 1980,$$

即每边仅 0.2cm 的误差可以导致体积的计算误差达到 $1980\mathrm{cm}^3$.

习题 1.4

1. 求下列函数的全微分:

(1) $z=4xy^3+5x^2y^6$; (2) $z=\sqrt{x^2+y^2}$;

(3) $z=\ln(x^3+y^4)$; (4) $z=\arcsin\left(\dfrac{x}{y}\right)$;

(5) $z=\mathrm{e}^x\cos y$; (6) $z=\mathrm{e}^{\frac{y}{x}}$.

2. 求函数 $z=\ln(1+x^2+y^2)$ 当 $x=1,y=2$ 时的全微分.

3. 求函数 $z=2x^2+3y^2$ 在点(10,8)处,当 $\Delta x=0.2,\Delta y=0.3$ 时的全增量及全微分.

4. 求函数 $z=\ln(\sqrt[3]{x}+\sqrt[4]{y}-1)$ 当 $\Delta x=0.03,\Delta y=-0.02$ 时在点(1,1)处的全微分.

5. 求函数 $u=\dfrac{1}{x}+z^2\cos y$ 当 $x=2,y=0,z=1$ 时的全微分.

6. 求下列各式的近似值:

(1) $\ln((1.01)^3+(0.99)^4)$; (2) $\arcsin\left(\dfrac{0.99}{2.02}\right)$.

提高题

1. 求下列函数的全微分:

(1) $z=(xy)^y$; (2) $u=x^{yz}$.

2. 讨论函数 $f(x,y)=\begin{cases}\dfrac{xy}{x^2+y^2}, & (x,y)\neq(0,0),\\ 0, & (x,y)=(0,0)\end{cases}$ 在点(0,0)处的可导性、连续性与可微性.

1.5 多元复合函数微分法

在一元函数的复合函数求导中,有所谓的"链式法则",这一法则可以推广到多元复合函数求导的情形,多元复合函数求导是多元函数微分学的重点,下面分几种情况来讨论.

1.5.1 多元复合函数求导法则

与一元复合函数相比较,多元复合函数的结构更为多样.下面按照多元复合函数不同的

复合情形，给出有代表性的三种基本形式. 掌握了这些基本形式的求导法则，更为复杂的复合函数求导也就容易掌握了. 本节讨论的多元函数仍以二元函数为主.

1. 复合函数的中间变量均为一元函数的情形

设函数 $z=f(u,v)$ 是自变量 u 和 v 的二元函数，而函数 $u=u(t)$ 及 $v=v(t)$ 是自变量 t 的一元函数，则

$$z=f[u(t),v(t)]$$

是 t 的复合函数，其变量间的依赖关系如图 1-18(a)所示.

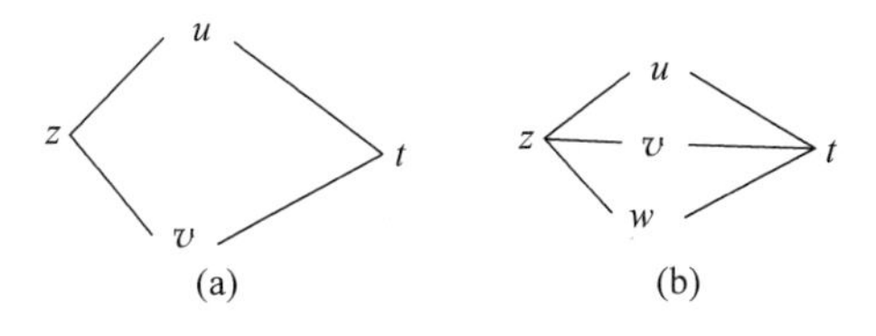

图 1-18

定理 1 如果函数 $u=u(t)$ 及 $v=v(t)$ 都在点 t 可导，函数 $z=f(u,v)$ 在对应点 (u,v) 具有连续偏导数，则复合函数 $z=f[u(t),v(t)]$ 在对应点 t 可导，且其导数可用下列公式计算：

$$\frac{\mathrm{d}z}{\mathrm{d}t}=\frac{\partial z}{\partial u}\frac{\mathrm{d}u}{\mathrm{d}t}+\frac{\partial z}{\partial v}\frac{\mathrm{d}v}{\mathrm{d}t}. \tag{1-6}$$

证明 设 t 有增量 Δt，相应地函数 $u=u(t)$，$v=v(t)$ 有增量 Δu 与 Δv，进而使得函数 $z=f(u,v)$ 获得增量 Δz. 根据假设，函数 $z=f(u,v)$ 在点 (u,v) 可微，于是有

$$\Delta z=\frac{\partial z}{\partial u}\Delta u+\frac{\partial z}{\partial v}\Delta v+o(\rho),$$

其中 $\rho=\sqrt{(\Delta u)^2+(\Delta v)^2}$. 将上式两边同时除以 Δt，得

$$\frac{\Delta z}{\Delta t}=\frac{\partial z}{\partial u}\frac{\Delta u}{\Delta t}+\frac{\partial z}{\partial v}\frac{\Delta v}{\Delta t}+\frac{o(\rho)}{\rho}\cdot\sqrt{\left(\frac{\Delta u}{\Delta t}\right)^2+\left(\frac{\Delta v}{\Delta t}\right)^2}\cdot\frac{|\Delta t|}{\Delta t}.$$

当 $\Delta t\to 0$ 时，$\frac{\Delta u}{\Delta t}\to\frac{\mathrm{d}u}{\mathrm{d}t}$，$\frac{\Delta v}{\Delta t}\to\frac{\mathrm{d}v}{\mathrm{d}t}$，所以

$$\lim_{\Delta t\to 0}\frac{\Delta z}{\Delta t}=\frac{\partial z}{\partial u}\frac{\mathrm{d}u}{\mathrm{d}t}+\frac{\partial z}{\partial v}\frac{\mathrm{d}v}{\mathrm{d}t}.$$

这就证明了复合函数 $z=f(u(t),v(t))$ 在点 t 可导，且有

$$\frac{\mathrm{d}z}{\mathrm{d}t}=\frac{\partial z}{\partial u}\frac{\mathrm{d}u}{\mathrm{d}t}+\frac{\partial z}{\partial v}\frac{\mathrm{d}v}{\mathrm{d}t}.$$

定理得证.

定理 1 的结论可推广到中间变量多于两个的情况. 例如设由函数 $z=f(u,v,w)$，$u=u(t)$，$v=v(t)$，$w=w(t)$ 复合而得到的复合函数

$$z=f[u(t),v(t),w(t)],$$

其变量间的依赖关系如图 1-18(b)所示. 在与定理 1 类似的条件下，该复合函数在点 t 可导，且其导数可用下列公式计算：

$$\frac{\mathrm{d}z}{\mathrm{d}t}=\frac{\partial z}{\partial u}\frac{\mathrm{d}u}{\mathrm{d}t}+\frac{\partial z}{\partial v}\frac{\mathrm{d}v}{\mathrm{d}t}+\frac{\partial z}{\partial w}\frac{\mathrm{d}w}{\mathrm{d}t}. \tag{1-7}$$

公式(1-6)与公式(1-7)中的导数$\frac{\mathrm{d}z}{\mathrm{d}t}$称为**全导数**.

2. 复合函数的中间变量均为多元函数的情形

定理 1 还可推广到中间变量不是一元函数而是多元函数的情形. 例如,中间变量为二元函数的情形,设函数

$$z=f(u,v),\quad u=u(x,y),\quad v=v(x,y)$$

构成复合函数 $z=f[u(x,y),v(x,y)]$,其变量间的依赖关系如图 1-19(a)所示.

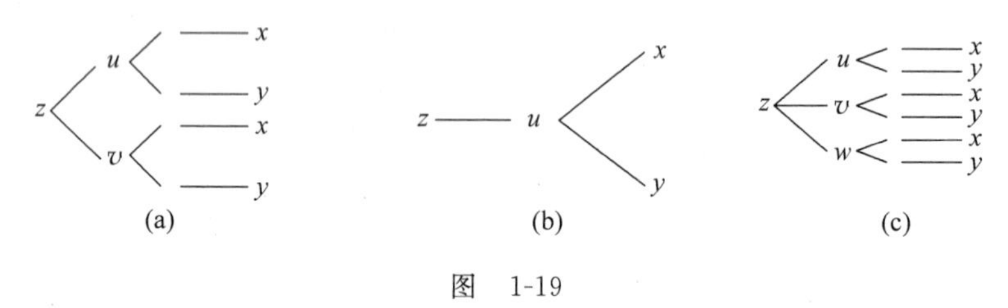

图 1-19

定理 2　如果 $u=u(x,y)$ 及 $v=v(x,y)$ 都在点 (x,y) 具有对 x 和 y 的偏导数,且函数 $z=f(u,v)$ 在对应点 (u,v) 具有连续偏导数,则复合函数 $z=f[u(x,y),v(x,y)]$ 在对应点 (x,y) 的两个偏导数存在,且可用下列公式计算:

$$\frac{\partial z}{\partial x}=\frac{\partial z}{\partial u}\frac{\partial u}{\partial x}+\frac{\partial z}{\partial v}\frac{\partial v}{\partial x},\quad \frac{\partial z}{\partial y}=\frac{\partial z}{\partial u}\frac{\partial u}{\partial y}+\frac{\partial z}{\partial v}\frac{\partial v}{\partial y}.$$

注意　定理 2 还可以推广到以下情形:

(1) 在定理 2 中,当 $v=0$ 时,由 $z=f(u)$ 与 $u=u(x,y)$ 复合而成的复合函数 $z=f[u(x,y)]$,其变量间的依赖关系如图 1-19(b)所示,在满足定理 2 的条件下,在对应点 (x,y) 的两个偏导数存在,且可用下列公式计算:

$$\frac{\partial z}{\partial x}=\frac{\mathrm{d}z}{\mathrm{d}u}\frac{\partial u}{\partial x},\quad \frac{\partial z}{\partial y}=\frac{\mathrm{d}z}{\mathrm{d}u}\frac{\partial u}{\partial y}.$$

(2) 将定理 2 的结论推广到中间变量多于两个的情形. 例如,设由函数 $z=f(u,v,w)$, $u=u(x,y)$, $v=v(x,y)$ 及 $w=w(x,y)$ 复合而成的复合函数 $z=f[u(x,y),v(x,y),w(x,y)]$,其变量间的依赖关系如图 1-19(c)所示,在满足类似于定理 2 的条件下,在对应点 (x,y) 的两个偏导数存在,且可用下列公式计算:

$$\frac{\partial z}{\partial x}=\frac{\partial z}{\partial u}\frac{\partial u}{\partial x}+\frac{\partial z}{\partial v}\frac{\partial v}{\partial x}+\frac{\partial z}{\partial w}\frac{\partial w}{\partial x},\quad \frac{\partial z}{\partial y}=\frac{\partial z}{\partial u}\frac{\partial u}{\partial y}+\frac{\partial z}{\partial v}\frac{\partial v}{\partial y}+\frac{\partial z}{\partial w}\frac{\partial w}{\partial y}.\tag{1-8}$$

3. 复合函数的中间变量既有一元也有多元函数的情形

在定理 2 中,当 v 与 x 无关,即 v 是 y 的一元函数时,可得到下面的结论.

定理 3　如果函数 $u=u(x,y)$ 在点 (x,y) 具有对 x 和 y 的偏导数,函数 $v=v(y)$ 在点 y 可导,函数 $z=f(u,v)$ 在对应点 (u,v) 具有连续偏导数,则复合函数 $z=f[u(x,y),v(y)]$ 在对应点 (x,y) 处的两个偏导数存在,且可用下列公式计算:

$$\frac{\partial z}{\partial x}=\frac{\partial z}{\partial u}\cdot\frac{\partial u}{\partial x},\quad \frac{\partial z}{\partial y}=\frac{\partial z}{\partial u}\cdot\frac{\partial u}{\partial y}+\frac{\partial z}{\partial v}\cdot\frac{\mathrm{d}v}{\mathrm{d}y}.$$

其变量间的依赖关系如图 1-20(a)所示.

在情形 3 中,还常常会遇到这样的情况:复合函数的某些中间变量本身又是复合函数

的自变量.例如,设函数 $z=f(u,x,y)$ 与 $u=u(x,y)$ 构成复合函数 $z=f[u(x,y),x,y]$,其变量间的依赖关系如图 1-20(b)所示.此情形可视为情形 2 式(1-8)中 $v=x,w=y$ 的特殊情况,从而有如下公式:

$$\frac{\partial z}{\partial x}=\frac{\partial f}{\partial u}\cdot\frac{\partial u}{\partial x}+\frac{\partial f}{\partial x},\quad \frac{\partial z}{\partial y}=\frac{\partial f}{\partial u}\cdot\frac{\partial u}{\partial y}+\frac{\partial f}{\partial y}.$$

注 上式中的$\frac{\partial z}{\partial x}$与$\frac{\partial f}{\partial x}$是不同的.$\frac{\partial z}{\partial x}$是把复合函数 $z=f[u(x,y),x,y]$中的 y 看作常量而对 x 的偏导数;而$\frac{\partial f}{\partial x}$是把 $z=f(u,x,y)$中的 u 和 y 看作常量而对 x 的偏导数.$\frac{\partial z}{\partial y}$与$\frac{\partial f}{\partial y}$的区别类似.

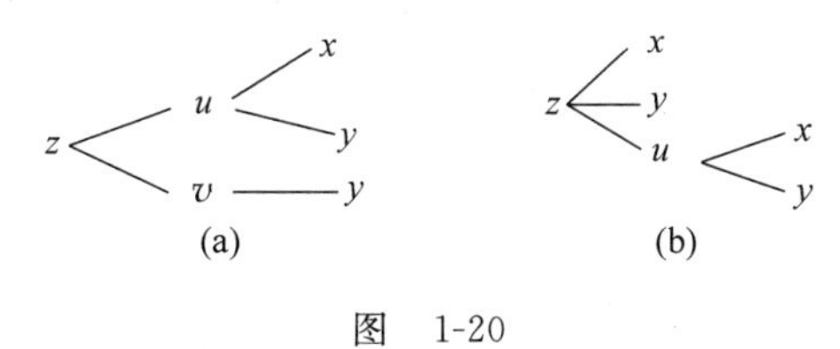

图 1-20

例 1 设 $z=e^{u-2v}$,其中 $u=\sin t,v=t^2$,求全导数$\frac{dz}{dt}$.

解 该复合函数属于中间变量均为一元函数的情形,因为

$$\frac{\partial z}{\partial u}=e^{u-2v},\quad \frac{\partial z}{\partial v}=-2e^{u-2v},\quad \frac{du}{dt}=\cos t,\quad \frac{dv}{dt}=2t,$$

所以

$$\frac{dz}{dt}=\frac{\partial z}{\partial u}\frac{du}{dt}+\frac{\partial z}{\partial v}\frac{dv}{dt}=e^{u-2v}\cos t-4te^{u-2v}=e^{\sin t-2t^2}(\cos t-4t).$$

例 2 设 $z=u^2\ln v$,而 $u=\frac{x}{y},v=3x-2y$,求$\frac{\partial z}{\partial x}$和$\frac{\partial z}{\partial y}$.

解 该复合函数属于中间变量均为多元函数的情形,所以

$$\frac{\partial z}{\partial x}=\frac{\partial z}{\partial u}\frac{\partial u}{\partial x}+\frac{\partial z}{\partial v}\frac{\partial v}{\partial x}=2u\ln v\frac{1}{y}+\frac{3u^2}{v}=\frac{2x}{y^2}\ln(3x-2y)+\frac{3x^2}{y^2(3x-2y)},$$

$$\frac{\partial z}{\partial y}=\frac{\partial z}{\partial u}\frac{\partial u}{\partial y}+\frac{\partial z}{\partial v}\frac{\partial v}{\partial y}=-2u\ln v\frac{x}{y^2}-\frac{2u^2}{v}=-\frac{2x^2}{y^3}\ln(3x-2y)-\frac{2x^2}{y^2(3x-2y)}.$$

例 3 设 $z=uv+\sin t$,而 $u=e^t,v=\cos t$,求全导数$\frac{dz}{dt}$.

解 该复合函数属于某些中间变量本身又是复合函数的自变量的情形,所以

$$\frac{dz}{dt}=\frac{\partial z}{\partial u}\cdot\frac{du}{dt}+\frac{\partial z}{\partial v}\cdot\frac{dv}{dt}+\frac{\partial z}{\partial t}=ve^t-u\sin t+\cos t$$

$$=e^t\cos t-e^t\sin t+\cos t=e^t(\cos t-\sin t)+\cos t.$$

4. 多元复合函数的高阶偏导数

在计算多元复合函数的高阶偏导数时,类似于一元函数求高阶导的方法,先求一阶偏导数,在此基础上,再根据不同情形重复运用前面多元复合函数的求导法则计算二阶偏导数,以此类推,可计算出多元复合函数更高阶的偏导数.例如,如果函数 $z=f(u,v)$具有二阶连续偏导数,$u=u(x,y),v=v(x,y)$的偏导数存在,则

$$\frac{\partial z}{\partial x}=\frac{\partial z}{\partial u}\cdot\frac{\partial u}{\partial x}+\frac{\partial z}{\partial v}\cdot\frac{\partial v}{\partial x},$$

$$\frac{\partial^2 z}{\partial x\partial y}=\frac{\partial}{\partial y}\left(\frac{\partial z}{\partial x}\right)=\frac{\partial}{\partial y}\left(\frac{\partial z}{\partial u}\cdot\frac{\partial u}{\partial x}+\frac{\partial z}{\partial v}\cdot\frac{\partial v}{\partial x}\right)$$

$$=\frac{\partial}{\partial y}\left(\frac{\partial z}{\partial u}\right)\frac{\partial u}{\partial x}+\frac{\partial z}{\partial u}\frac{\partial^2 u}{\partial x\partial y}+\frac{\partial}{\partial y}\left(\frac{\partial z}{\partial v}\right)\frac{\partial v}{\partial x}+\frac{\partial z}{\partial v}\frac{\partial^2 v}{\partial x\partial y}. \tag{1-9}$$

这里要特别注意$\frac{\partial u}{\partial x}$和$\frac{\partial v}{\partial x}$仍是$x,y$的函数，$\frac{\partial z}{\partial u}$与$\frac{\partial z}{\partial v}$仍是以$u,v$为中间变量的$x,y$的复合函数.于是式(1-9)中的

$$\frac{\partial}{\partial y}\left(\frac{\partial z}{\partial u}\right)=\frac{\partial^2 z}{\partial u^2}\cdot\frac{\partial u}{\partial y}+\frac{\partial^2 z}{\partial u\partial v}\cdot\frac{\partial v}{\partial y},\quad \frac{\partial}{\partial y}\left(\frac{\partial z}{\partial v}\right)=\frac{\partial^2 z}{\partial v\partial u}\cdot\frac{\partial u}{\partial y}+\frac{\partial^2 z}{\partial v^2}\cdot\frac{\partial v}{\partial y}.$$

在多元复合函数求导中，为了表示简便，常常引入下面的记号：

$$f_1'=\frac{\partial f(u,v)}{\partial u},\quad f_{12}''=\frac{\partial^2 f(u,v)}{\partial u\partial v}.$$

其中下标1表示对第一个变量求偏导数，下标2表示对第二个变量求偏导数，同理有f_2'，f_{11}''，f_{22}''等.

例 4 设$w=f(x+y+z,xyz)$，f具有二阶连续偏导数，求$\frac{\partial w}{\partial x}$和$\frac{\partial^2 w}{\partial x\partial z}$.

解 令$u=x+y+z$，$v=xyz$，则$w=f(u,v)$.根据复合函数求导法则，先求一阶偏导数，并采用上面引入的简便记号，有

$$\frac{\partial w}{\partial x}=\frac{\partial f}{\partial u}\cdot\frac{\partial u}{\partial x}+\frac{\partial f}{\partial v}\cdot\frac{\partial v}{\partial x}=f_1'+yzf_2',$$

其中f_1'和f_2'仍是以u,v为中间变量的x,y,z的函数，于是

$$\frac{\partial^2 w}{\partial x\partial z}=\frac{\partial}{\partial z}(f_1'+yzf_2')=\frac{\partial f_1'}{\partial z}+yf_2'+yz\frac{\partial f_2'}{\partial z},$$

并且

$$\frac{\partial f_1'}{\partial z}=\frac{\partial f_1'}{\partial u}\cdot\frac{\partial u}{\partial z}+\frac{\partial f_1'}{\partial v}\cdot\frac{\partial v}{\partial z}=f_{11}''+xyf_{12}'',\quad \frac{\partial f_2'}{\partial z}=\frac{\partial f_2'}{\partial u}\cdot\frac{\partial u}{\partial z}+\frac{\partial f_2'}{\partial v}\cdot\frac{\partial v}{\partial z}=f_{21}''+xyf_{22}''.$$

于是

$$\frac{\partial^2 w}{\partial x\partial z}=f_{11}''+xyf_{12}''+yf_2'+yz(f_{21}''+xyf_{22}'')=f_{11}''+y(x+z)f_{12}''+xy^2zf_{22}''+yf_2'.$$

1.5.2 全微分形式的不变性

利用多元复合函数的求导公式，可得到多元函数全微分非常重要的一个性质——**全微分形式的不变性**.以二元函数为例，设函数$z=f(u,v)$可微，当u和v是自变量时，其全微分

$$dz=\frac{\partial z}{\partial u}du+\frac{\partial z}{\partial v}dv.$$

设函数$z=f(u,v)$，$u=u(x,y)$，$v=v(x,y)$都是可微函数，则由全微分的定义和链式法则，其复合函数$z=f[u(x,y),v(x,y)]$的全微分

$$dz=\frac{\partial z}{\partial x}dx+\frac{\partial z}{\partial y}dy=\left(\frac{\partial z}{\partial u}\cdot\frac{\partial u}{\partial x}+\frac{\partial z}{\partial v}\cdot\frac{\partial v}{\partial x}\right)dx+\left(\frac{\partial z}{\partial u}\cdot\frac{\partial u}{\partial y}+\frac{\partial z}{\partial v}\cdot\frac{\partial v}{\partial y}\right)dy$$

$$=\frac{\partial z}{\partial u}\left(\frac{\partial u}{\partial x}\mathrm{d}x+\frac{\partial u}{\partial y}\mathrm{d}y\right)+\frac{\partial z}{\partial v}\left(\frac{\partial v}{\partial x}\mathrm{d}x+\frac{\partial v}{\partial y}\mathrm{d}y\right)$$

$$=\frac{\partial z}{\partial u}\mathrm{d}u+\frac{\partial z}{\partial v}\mathrm{d}v.$$

由此可见，对于函数 $z=f(u,v)$ 而言，无论 u,v 是自变量还是中间变量，其全微分 $\mathrm{d}z$ 在表达形式上是完全一样的. 这个性质称为**全微分形式的不变性**.

利用这一性质，可得多元函数全微分与一元函数微分具有相同的运算性质：

(1) $\mathrm{d}(u\pm v)=\mathrm{d}u\pm\mathrm{d}v$；

(2) $\mathrm{d}(uv)=u\mathrm{d}v+v\mathrm{d}u$；

(3) $\mathrm{d}\left(\frac{u}{v}\right)=\frac{v\mathrm{d}u-u\mathrm{d}v}{v^2}(v\neq 0)$.

在解题时恰当的利用这些性质，常会收到很好的效果. 例如，要求二元函数 $z=f(x,y)$ 的偏导数$\frac{\partial z}{\partial x}$和$\frac{\partial z}{\partial y}$，如果直接利用多元函数求导公式不好求，可直接利用上面的性质或全微分形式的不变性，先求出函数 $z=f(x,y)$ 的全微分 $\mathrm{d}z=\frac{\partial z}{\partial x}\mathrm{d}x+\frac{\partial z}{\partial y}\mathrm{d}y$，其中 $\mathrm{d}x$ 和 $\mathrm{d}y$ 前面的系数分别是要求的函数 $z=f(x,y)$ 对 x,y 的偏导数$\frac{\partial z}{\partial x}$和$\frac{\partial z}{\partial y}$.

例 5 已知 $\mathrm{e}^{-xy}-2z+\mathrm{e}^z=0$，求$\frac{\partial z}{\partial x}$和$\frac{\partial z}{\partial y}$.

解 因为

$$\mathrm{d}(\mathrm{e}^{-xy}-2z+\mathrm{e}^z)=0,$$

所以

$$\mathrm{e}^{-xy}\mathrm{d}(-xy)-2\mathrm{d}z+\mathrm{e}^z\mathrm{d}z=0,$$

进而

$$(\mathrm{e}^z-2)\mathrm{d}z=\mathrm{e}^{-xy}(x\mathrm{d}y+y\mathrm{d}x).$$

于是

$$\mathrm{d}z=\frac{y\mathrm{e}^{-xy}}{\mathrm{e}^z-2}\mathrm{d}x+\frac{x\mathrm{e}^{-xy}}{\mathrm{e}^z-2}\mathrm{d}y.$$

故所求偏导数

$$\frac{\partial z}{\partial x}=\frac{y\mathrm{e}^{-xy}}{\mathrm{e}^z-2},\quad \frac{\partial z}{\partial y}=\frac{x\mathrm{e}^{-xy}}{\mathrm{e}^z-2}.$$

例 6 已知 $z=\arctan\frac{y}{x}$，求$\frac{\partial z}{\partial x}$和$\frac{\partial z}{\partial y}$.

解 设 $u=\frac{y}{x}$，则 $z=\arctan u$，于是

$$\mathrm{d}z=\frac{1}{1+u^2}\mathrm{d}u=\frac{1}{1+\left(\frac{y}{x}\right)^2}\frac{x\mathrm{d}y-y\mathrm{d}x}{x^2}=\frac{1}{x^2+y^2}(x\mathrm{d}y-y\mathrm{d}x),$$

所以

$$\frac{\partial z}{\partial x}=-\frac{y}{x^2+y^2},\quad \frac{\partial z}{\partial y}=\frac{x}{x^2+y^2}.$$

习题 1.5

1. 求下列函数的全导数：

(1) $z=\sin\frac{x}{y}$，其中 $x=e^t$，$y=t^2$，求$\frac{dz}{dt}$；

(2) $z=\arcsin(u-v)$，其中 $u=3t$，$v=4t^3$，求$\frac{dz}{dt}$；

(3) $z=\arctan(xy)$，其中 $y=e^x$，求$\frac{dz}{dx}$.

2. 用链式法则求下列函数的偏导数：

(1) 设 $z=e^u\sin v$，而 $u=xy$，$v=x+y$，求$\frac{\partial z}{\partial x}$和$\frac{\partial z}{\partial y}$；

(2) 设 $z=u^2v-uv^2$，而 $u=x\cos y$，$v=x\sin y$，求$\frac{\partial z}{\partial x}$和$\frac{\partial z}{\partial y}$；

(3) 设 $z=uv+\sin xy$，而 $u=e^{x+y}$，$v=\cos(x-y)$，求$\frac{\partial z}{\partial x}$；

(4) 设 $z=\arcsin(x+y+u)$，其中 $u=x+y$，求$\frac{\partial z}{\partial x}$和$\frac{\partial z}{\partial y}$.

3. 求下列函数的偏导数：

(1) 设 $u=f(\sqrt{x^2+y^2})$，$f(t)$可导，求$\frac{\partial u}{\partial x}$和$\frac{\partial u}{\partial y}$；

(2) $z=f(u,v)$，其中 f 具有一阶连续偏导数，且 $u=\sqrt{xy}$，$v=x+y$，求$\frac{\partial z}{\partial x}$和$\frac{\partial z}{\partial y}$；

(3) $z=f(x^2-y^2,e^{xy})$，其中 f 具有一阶连续偏导数，求$\frac{\partial z}{\partial x}$和$\frac{\partial z}{\partial y}$.

提高题

1. 求下列函数指定的一阶偏导数：

(1) $z=\int_{2u}^{v^2+u}e^{-t^2}dt$，其中 $u=\sin x$，$v=e^x$，求$\frac{dz}{dx}$；

(2) 设 $z=(3x^2+y^2)^{4x+2y}$，求$\frac{\partial z}{\partial x}$和$\frac{\partial z}{\partial y}$；

(3) 设 $u=f(x,y,z)=e^{x^2+y^2+z^2}$，其中 $z=x^2\sin y$，求$\frac{\partial u}{\partial x}$和$\frac{\partial u}{\partial y}$；

(4) 设 $z=(x+y)f(x+y,xy)$，其中 f 具有一阶连续偏导数，求$\frac{\partial z}{\partial x}$和$\frac{\partial z}{\partial y}$；

(5) 设 $z=f(\sin x,\cos y,e^{x+y})$，其中 f 具有一阶连续偏导数，求$\frac{\partial z}{\partial x}$和$\frac{\partial z}{\partial y}$.

2. 求下列函数指定的二阶偏导数，假设所有的函数均有二阶连续的偏导数：

(1) 设 $z=f(e^x\sin y,x^2+y^2)$，求$\frac{\partial^2 z}{\partial x\partial y}$；

(2) 设 $z=f(u,x,y)$，$u=xe^y$，求$\frac{\partial^2 z}{\partial x\partial y}$；

(3) 设 $z=\frac{1}{x}f(xy)+yf(x+y)$，求 $\frac{\partial^2 z}{\partial x^2}$.

3. 验证函数 $u=x^k f\left(\frac{z}{y},\frac{y}{x}\right)$ 满足方程 $x\frac{\partial u}{\partial x}+y\frac{\partial u}{\partial y}+z\frac{\partial u}{\partial z}=ku$.

1.6　隐函数微分法

一般地，以 $y=f(x)$，$z=f(x,y)$ 等形式给出的函数，称为显函数；而以方程 $F(x,y)=0$ 或 $F(x,y,z)=0$ 等形式给出，由它们分别所确定的函数 $y=f(x)$ 或 $z=f(x,y)$，称为隐函数.

在一元微分学中，我们介绍了不经过显化而直接由方程 $F(x,y)=0$ 确定的隐函数 $y=f(x)$ 的求导方法. 现在我们讨论在什么条件下，方程 $F(x,y)=0$ 可以唯一地确定隐函数 $y=f(x)$，并根据多元复合函数的求导法推导出隐函数的求导公式.

1.6.1　一个方程的情形

1. 由二元方程 $F(x,y)=0$ 确定的隐函数的情形

定理 1(隐函数存在定理 1)　设函数 $F(x,y)$ 在点 $P(x_0,y_0)$ 的某一邻域内具有连续偏导数，且 $F(x_0,y_0)=0$，$F_y(x_0,y_0)\neq 0$，则方程 $F(x,y)=0$ 在点 $P(x_0,y_0)$ 的某一邻域内恒能唯一确定一个连续且具有连续导数的函数 $y=f(x)$，它满足条件 $y_0=f(x_0)$，并有

$$\frac{\mathrm{d}y}{\mathrm{d}x}=-\frac{F_x}{F_y}. \tag{1-10}$$

式(1-10)就是由方程 $F(x,y)=0$ 确定的隐函数 $y=f(x)$ 的求导公式.

定理 1 中的存在性证明从略，现仅就计算公式作如下推导：

将函数 $y=f(x)$ 代入方程 $F(x,y)=0$，得恒等式

$$F(x,f(x))\equiv 0.$$

上式左端是关于 x 的复合函数，将上式两端同时对 x 求导，利用复合函数的链式法则得

$$F_x+F_y\frac{\mathrm{d}y}{\mathrm{d}x}=0,$$

由于 F_y 连续，且 $F_y(x_0,y_0)\neq 0$，所以存在(x_0,y_0)的一个邻域，在该邻域内 $F_y\neq 0$，于是得

$$\frac{\mathrm{d}y}{\mathrm{d}x}=-\frac{F_x}{F_y}.$$

例 1　验证方程 $xy-\mathrm{e}^x+\mathrm{e}^y=0$ 在点$(0,0)$的某邻域内能唯一确定一个有连续导数的隐函数 $y=f(x)$，并求此函数的一阶导数在 $x=0$ 处的值.

解　令 $F(x,y)=xy-\mathrm{e}^x+\mathrm{e}^y$，则

$$F_x=y-\mathrm{e}^x,\quad F_y=x+\mathrm{e}^y,\quad F(0,0)=0,\quad F_y(0,0)=1\neq 0,$$

根据定理 1 可知，方程 $xy-\mathrm{e}^x+\mathrm{e}^y=0$ 在点$(0,0)$的某邻域内能唯一确定一个有连续导数的隐函数 $y=f(x)$，且该函数满足 $f(0)=0$.

下面求该函数的一阶导数，因为

$$\frac{\mathrm{d}y}{\mathrm{d}x}=-\frac{F_x}{F_y}=\frac{\mathrm{e}^x-y}{x+\mathrm{e}^y},$$

又由于 $x=0$ 时 $y=0$，所以

$$\left.\frac{\mathrm{d}y}{\mathrm{d}x}\right|_{x=0}=\left.\frac{\mathrm{e}^x-y}{x+\mathrm{e}^y}\right|_{\substack{x=0\\y=0}}=1.$$

2. 由三元方程 $F(x,y,z)=0$ 确定的隐函数的情形

隐函数存在定理还可以推广到多元函数的情形.类似于由二元方程可以确定一个一元隐函数的情形，由一个三元方程 $F(x,y,z)=0$ 就可能确定一个二元隐函数，并可以由三元函数 $F(x,y,z)$ 的性质来断定由三元方程 $F(x,y,z)=0$ 所确定的二元隐函数的存在性及其性质，且有下面的定理.

定理2(**隐函数存在定理2**) 设函数 $F(x,y,z)$ 在点 $P(x_0,y_0,z_0)$ 的某一邻域内有连续的偏导数，且 $F(x_0,y_0,z_0)=0$，$F_z(x_0,y_0,z_0)\neq 0$，则方程 $F(x,y,z)=0$ 在点 $P(x_0,y_0,z_0)$ 的某一邻域内恒能唯一确定一个连续且具有连续偏导数的函数 $z=f(x,y)$，它满足条件 $z_0=f(x_0,y_0)$，并有

$$\frac{\partial z}{\partial x}=-\frac{F_x}{F_z},\quad \frac{\partial z}{\partial y}=-\frac{F_y}{F_z}. \tag{1-11}$$

式(1-11)就是由方程 $F(x,y,z)=0$ 确定的隐函数 $z=f(x,y)$ 的求偏导公式.

例2 设 $x^2+2y^2+z^2-4x+2z-5=0$，求 $\frac{\partial z}{\partial x},\frac{\partial z}{\partial y},\frac{\partial^2 z}{\partial x^2},\frac{\partial^2 z}{\partial y^2}$.

解 令 $F(x,y,z)=x^2+2y^2+z^2-4x+2z-5$，则

$$\frac{\partial z}{\partial x}=-\frac{F_x}{F_z}=-\frac{2x-4}{2z+2}=\frac{2-x}{z+1},$$

进而

$$\frac{\partial^2 z}{\partial x^2}=\frac{-(z+1)-(2-x)\frac{\partial z}{\partial x}}{(z+1)^2}=-\frac{(z+1)^2+(2-x)^2}{(z+1)^3}.$$

又由

$$\frac{\partial z}{\partial y}=-\frac{F_y}{F_z}=-\frac{4y}{2z+2}=-\frac{2y}{z+1},$$

所以

$$\frac{\partial^2 z}{\partial y^2}=-\frac{2(z+1)-2y\frac{\partial z}{\partial y}}{(z+1)^2}=-\frac{2(z+1)^2+4y^2}{(z+1)^3}.$$

例3 设 $z^3-3xyz=a^3$，求 $\frac{\partial z}{\partial x},\frac{\partial^2 z}{\partial x\partial y}$.

解 设 $F(x,y,z)=z^3-3xyz-a^3$，则

$$F_x=-3yz,\quad F_y=-3xz,\quad F_z=3z^2-3xy,$$

于是

$$\frac{\partial z}{\partial x}=-\frac{F_x}{F_z}=-\frac{-3yz}{3z^2-3xy}=\frac{yz}{z^2-xy},\quad \frac{\partial z}{\partial y}=-\frac{F_y}{F_z}=-\frac{-3xz}{3z^2-3xy}=\frac{xz}{z^2-xy},$$

$$\frac{\partial^2 z}{\partial x\partial y}=\frac{\partial}{\partial y}\left(\frac{yz}{z^2-xy}\right)=\frac{\left(z+y\frac{\partial z}{\partial y}\right)(z^2-xy)-yz\left(2z\frac{\partial z}{\partial y}-x\right)}{(z^2-xy)^2}=\frac{z^5-x^2y^2z-2xyz^3}{(z^2-xy)^3}.$$

例 4 设 $z=f(x+y+z,xyz)$，求$\frac{\partial z}{\partial x},\frac{\partial x}{\partial y},\frac{\partial y}{\partial z}$.

解 令 $F(x,y,z)=z-f(x+y+z,xyz)$，且 $u=x+y+z,\ v=xyz$，则

$$F_x=-f_u-yzf_v,\quad F_y=-f_u-xzf_v,\quad F_z=1-f_u-xyf_v,$$

进而

$$\frac{\partial z}{\partial x}=-\frac{F_x}{F_z}=\frac{f_u+yzf_v}{1-f_u-xyf_v},$$

$$\frac{\partial x}{\partial y}=-\frac{F_y}{F_x}=-\frac{f_u+xzf_v}{f_u+yzf_v},\quad \frac{\partial y}{\partial z}=-\frac{F_z}{F_y}=\frac{1-f_u-xyf_v}{f_u+xzf_v}.$$

***例 5** 设 $y=f(x,t)$，其中 t 是由方程 $F(x,y,t)=0$ 确定的 x,y 的函数，f 和 F 均满足一阶偏导数连续，证明：$\frac{\mathrm{d}y}{\mathrm{d}x}=\frac{f_xF_t-f_tF_x}{f_tF_y+F_t}$.

证明 因为 t 是由方程 $F(x,y,t)=0$ 确定的 x,y 的函数，即 $t=t(x,y)$ 由方程 $F(x,y,t)=0$ 确定，则

$$\frac{\partial t}{\partial x}=-\frac{F_x}{F_t},\quad \frac{\partial t}{\partial y}=-\frac{F_y}{F_t},\quad 或\quad t_x=-\frac{F_x}{F_t},\quad t_y=-\frac{F_y}{F_t}.$$

又因为 $y=f(x,t)$，则 $y=f(x,t(x,y))$，或 $y-f(x,t(x,y))=0$. 令 $G(x,y)=y-f(x,t(x,y))$，则 $G(x,y)=y-f(x,t(x,y))=0$，于是

$$\frac{\mathrm{d}y}{\mathrm{d}x}=-\frac{G_x}{G_y}=-\frac{-(f_x+f_t\cdot t_x)}{1-f_t\cdot t_y}=\frac{f_x+f_t\cdot\left(-\frac{F_x}{F_t}\right)}{1-f_t\cdot\left(-\frac{F_y}{F_t}\right)}=\frac{f_xF_t-f_tF_x}{f_tF_y+F_t}.$$

*1.6.2 方程组的情形

除以上情形外，对隐函数还可以做进一步的推广，即不仅增加方程中变量的个数，而且增加方程的个数.

1. 由方程组$\begin{cases}F(x,y,z)=0,\\G(x,y,z)=0\end{cases}$确定的隐函数的情形

在该方程组中有三个变量，一般只能有一个变量独立变化，因此该方程组就有可能确定两个一元函数，在这种情况下，我们可以由 F,G 的性质来判定由该方程组所确定的两个一元函数的存在性及其性质，并有下面的定理.

定理 3(隐函数存在定理 3) 设 $F(x,y,z),G(x,y,z)$ 在点 $P(x_0,y_0,z_0)$ 的某一邻域内具有对各个变量的连续偏导数，且 $F(x_0,y_0,z_0)=0,G(x_0,y_0,z_0)=0$，由偏导数所组成的函数行列式(或称雅可比式)

$$J=\frac{\partial(F,G)}{\partial(y,z)}=\begin{vmatrix}\frac{\partial F}{\partial y} & \frac{\partial F}{\partial z}\\ \frac{\partial G}{\partial y} & \frac{\partial G}{\partial z}\end{vmatrix}$$

在点 $P(x_0,y_0,z_0)$ 处不等于零，则由 $F(x,y,z)=0$ 和 $G(x,y,z)=0$ 构成的方程组在点 $P(x_0,y_0,z_0)$ 的某一邻域内恒能唯一确定一组连续且具有连续导数的函数 $y=y(x),z=z(x)$，它们满足条件 $y_0=y(x_0),z_0=z(x_0)$，并有

$$\frac{\mathrm{d}y}{\mathrm{d}x}=-\frac{1}{J}\frac{\partial(F,G)}{\partial(x,z)}=-\frac{\begin{vmatrix}F_x & F_z\\ G_x & G_z\end{vmatrix}}{\begin{vmatrix}F_y & F_z\\ G_y & G_z\end{vmatrix}},\quad \frac{\mathrm{d}z}{\mathrm{d}x}=-\frac{1}{J}\frac{\partial(F,G)}{\partial(y,x)}=-\frac{\begin{vmatrix}F_y & F_x\\ G_y & G_x\end{vmatrix}}{\begin{vmatrix}F_y & F_z\\ G_y & G_z\end{vmatrix}}.$$

上面两式为由方程组$\begin{cases}F(x,y,z)=0,\\ G(x,y,z)=0\end{cases}$确定的隐函数组$\begin{cases}y=y(x),\\ z=z(x)\end{cases}$的求导公式.

2. 由方程组$\begin{cases}F(x,y,u,v)=0,\\ G(x,y,u,v)=0\end{cases}$确定的隐函数的情形

类似于方程组1的情形，在该方程组中有四个变量，一般只能有两个变量独立变化，因此该方程组就有可能确定两个二元函数，在这种情况下，我们可以由 F,G 的性质来判定由该方程组所确定的两个二元函数的存在性及其性质，并有下面的定理.

定理4(隐函数存在定理4) 设 $F(x,y,u,v)$,$G(x,y,u,v)$在点 $P(x_0,y_0,u_0,v_0)$的某一邻域内具有对各个变量的连续偏导数，且 $F(x_0,y_0,u_0,v_0)=0$,$G(x_0,y_0,u_0,v_0)=0$,由偏导数所组成的函数行列式(或称雅可比式)

$$J=\frac{\partial(F,G)}{\partial(u,v)}=\begin{vmatrix}\dfrac{\partial F}{\partial u} & \dfrac{\partial F}{\partial v}\\ \dfrac{\partial G}{\partial u} & \dfrac{\partial G}{\partial v}\end{vmatrix}$$

在点 $P(x_0,y_0,u_0,v_0)$处不等于零，则由 $F(x,y,u,v)=0$ 和 $G(x,y,u,v)=0$ 构成的方程组在点 $P(x_0,y_0,u_0,v_0)$的某一邻域内恒能唯一确定一组连续且具有连续偏导数的函数 $u=u(x,y)$,$v=v(x,y)$,它们满足条件 $u_0=u(x_0,y_0)$,$v_0=v(x_0,y_0)$,并有

$$\frac{\partial u}{\partial x}=-\frac{1}{J}\frac{\partial(F,G)}{\partial(x,v)}=-\frac{\begin{vmatrix}F_x & F_v\\ G_x & G_v\end{vmatrix}}{\begin{vmatrix}F_u & F_v\\ G_u & G_v\end{vmatrix}},\quad \frac{\partial v}{\partial x}=-\frac{1}{J}\frac{\partial(F,G)}{\partial(u,x)}=-\frac{\begin{vmatrix}F_u & F_x\\ G_u & G_x\end{vmatrix}}{\begin{vmatrix}F_u & F_v\\ G_u & G_v\end{vmatrix}},$$

$$\frac{\partial u}{\partial y}=-\frac{1}{J}\frac{\partial(F,G)}{\partial(y,v)}=-\frac{\begin{vmatrix}F_y & F_v\\ G_y & G_v\end{vmatrix}}{\begin{vmatrix}F_u & F_v\\ G_u & G_v\end{vmatrix}},\quad \frac{\partial v}{\partial y}=-\frac{1}{J}\frac{\partial(F,G)}{\partial(u,y)}=-\frac{\begin{vmatrix}F_u & F_y\\ G_u & G_y\end{vmatrix}}{\begin{vmatrix}F_u & F_v\\ G_u & G_v\end{vmatrix}}.$$

上面的式子为由方程组$\begin{cases}F(x,y,u,v)=0,\\ G(x,y,u,v)=0\end{cases}$确定的隐函数组$\begin{cases}u=u(x,y),\\ v=v(x,y)\end{cases}$的求偏导公式.

在求这类偏导问题时，可直接使用上面的公式. 但一般情况下，利用复合函数链式法则，将方程组中两个方程的两端同时求导，然后解出要求的导数较为方便.

例6 设$\begin{cases}xu-yv=0,\\ yu+xv=1,\end{cases}$求$\dfrac{\partial u}{\partial x}$,$\dfrac{\partial u}{\partial y}$,$\dfrac{\partial v}{\partial x}$和$\dfrac{\partial v}{\partial y}$.

解 据题意可知，由方程组确定的隐函数组为

$$u=u(x,y),\quad v=v(x,y),$$

将所给方程组中两个方程的两端同时对 x 求导并移项得关于$\dfrac{\partial u}{\partial x}$,$\dfrac{\partial v}{\partial x}$的线性方程组

$$\begin{cases} x\dfrac{\partial u}{\partial x}-y\dfrac{\partial v}{\partial x}=-u, \\ y\dfrac{\partial u}{\partial x}+x\dfrac{\partial v}{\partial x}=-v, \end{cases}$$

解得

$$\frac{\partial u}{\partial x}=-\frac{xu+yv}{x^2+y^2},\quad \frac{\partial v}{\partial x}=\frac{yu-xv}{x^2+y^2}.$$

将所给方程组中两个方程的两端同时对 y 求导,用同样的方法可得

$$\frac{\partial u}{\partial y}=\frac{xv-yu}{x^2+y^2},\quad \frac{\partial v}{\partial y}=-\frac{xu+yv}{x^2+y^2}.$$

习题 1.6

1. 求由下列方程确定的隐函数 $y(x)$ 的导数:

(1) 设 $x^2+2xy-y^2=a^2$,求 $\dfrac{dy}{dx}$;

(2) 设 $\ln\sqrt{x^2+y^2}-\arctan\dfrac{y}{x}=0$,求 $\dfrac{dy}{dx}$;

(3) 设 $x^y=y^x$,求 $\dfrac{dy}{dx}$.

2. 求由下列方程确定的隐函数的偏导数:

(1) 设 $\dfrac{x^2}{a^2}+\dfrac{y^2}{b^2}+\dfrac{z^2}{c^2}=1$,求 $\dfrac{\partial z}{\partial x},\dfrac{\partial z}{\partial y}$;

(2) 设 $\cos^2x+\cos^2y+\cos^2z=1$,求 $\dfrac{\partial z}{\partial x},\dfrac{\partial z}{\partial y}$;

(3) 设 $\dfrac{x}{z}=\ln\dfrac{z}{y}$,求 $\dfrac{\partial z}{\partial x},\dfrac{\partial z}{\partial y}$;

(4) 设 $x^2+y^2+z^2-4z=0$,求 $\dfrac{\partial z}{\partial x},\dfrac{\partial^2 z}{\partial x^2}$;

(5) 设 $x+y+z=e^z$,求 $\dfrac{\partial^2 z}{\partial x^2},\dfrac{\partial^2 z}{\partial y^2},\dfrac{\partial^2 z}{\partial x\partial y}$.

3. 设 $F(x-y,y-z,z-x)=0$,求 $\dfrac{\partial z}{\partial x},\dfrac{\partial z}{\partial y}$,其中 F 具有连续偏导数.

提高题

1. 设 $u=\sin(xy+3z)$,其中 $z=z(x,y)$ 由方程 $yz^2-xz^3=1$ 确定,求 $\dfrac{\partial u}{\partial x}$.

2. 设 $z=z(x,y)$ 由 $z+\ln z-\int_y^x e^{-t^2}dt=0$ 确定,求 $\dfrac{\partial^2 z}{\partial x\partial y}$.

3. 设 $z=z(x,y)$ 是由方程 $F\left(\dfrac{z}{y},\dfrac{z}{x}\right)=0$ 所确定的隐函数,且 $F_1'=F_2'\neq 0$,证明:

$$(x+y)(z_x+z_y)=\left(\frac{y}{x}+\frac{x}{y}\right)z.$$

4. 设$\begin{cases} u^2+v^2-x^2-y=0, \\ -u+v-xy+1=0, \end{cases}$ 求$\dfrac{\partial x}{\partial u}, \dfrac{\partial y}{\partial u}$.

1.7　多元函数的极值及其求法

在实际问题中，我们常常会遇到求多元函数的最大值、最小值问题. 与一元函数的情形类似，多元函数的最大值、最小值与极大值、极小值之间有着密切的联系. 下面我们以二元函数为例来讨论多元函数的极值问题.

1.7.1　二元函数极值的概念

定义 1　设函数 $z=f(x,y)$ 在点 (x_0,y_0) 的某一邻域内有定义，对于该邻域内异于 (x_0,y_0) 的任意点 (x,y)，如果

$$f(x,y)<f(x_0,y_0),$$

则称函数在 (x_0,y_0) 处有**极大值**；如果

$$f(x,y)>f(x_0,y_0),$$

则称函数在 (x_0,y_0) 有**极小值**；极大值、极小值统称为**极值**，使函数取得极值的点称为**极值点**.

与一元函数类似，多元函数的极值是一个局部的概念. 如果和 $z=f(x,y)$ 的图形联系起来，则函数的极大值和极小值分别对应着曲面的"高峰"和"低谷".

函数 $z=x^2+2y^2$ 在点 $(0,0)$ 处取得极小值 0，这是因为在点 $(0,0)$ 的任意邻域内异于 $(0,0)$ 的点，函数值都大于零，而在点 $(0,0)$ 处的函数值等于零. 从几何上看，$z=x^2+2y^2$ 表示一开口向上的椭圆抛物面，点 $(0,0,0)$ 是它的顶点(如图 1-21(a)).

函数 $z=y^2-x^2$ 在点 $(0,0)$ 处无极值，这是因为在点 $(0,0)$ 的任意小的邻域内，既有使 $y^2-x^2>0$ 的点，又有使 $y^2-x^2<0$ 的点. 从几何上看，它是双曲抛物面(也称马鞍面)(如图 1-21(b)).

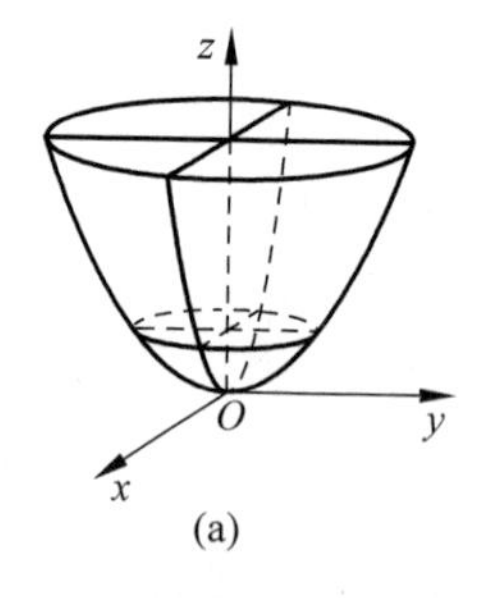

(a)

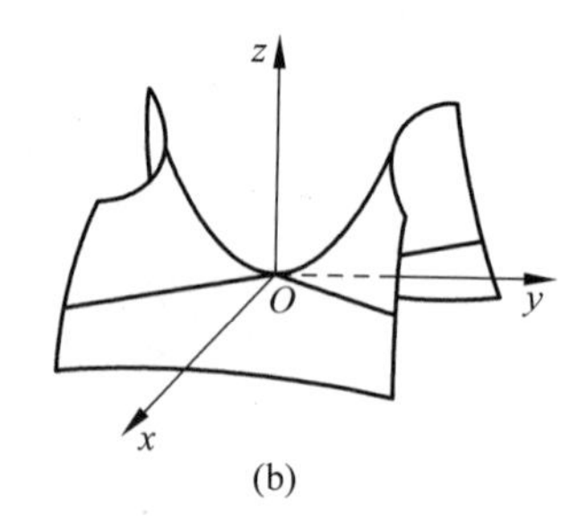

(b)

图　1-21

与导数在一元函数极值研究中的作用一样，二元函数的极值问题，一般可利用偏导数来解决，并且由一元函数极值存在的必要条件，可以得到下面的结论.

定理 1(极值存在的必要条件)　设函数 $z=f(x,y)$ 在点 (x_0,y_0) 具有偏导数，且在点 (x_0,y_0) 处有极值，则它在该点的偏导数必然为零，即

$$f_x(x_0,y_0)=0,\quad f_y(x_0,y_0)=0.$$

证明 设 $z=f(x,y)$ 在点 (x_0,y_0) 处取得极小值，则存在 (x_0,y_0) 的一个邻域，对此邻域内异于 (x_0,y_0) 的任意一点 (x,y)，都满足

$$f(x_0,y_0)<f(x,y).$$

特别地，在该领域内取 $y=y_0$ 而 $x\neq x_0$ 的点，也满足

$$f(x_0,y_0)<f(x,y_0).$$

即一元函数 $z=f(x,y_0)$ 在点 $x=x_0$ 处取得极小值并且可导，从而"导数"等于零，即 $f_x(x_0,y_0)=0$. 同理可得 $f_y(x_0,y_0)=0$.

注 (1) 与一元函数类似，使得 $f_x(x,y)=0$，$f_y(x,y)=0$ 同时成立的点 (x,y) 称为函数 $z=f(x,y)$ 的驻点.

(2) 具有偏导数的函数的极值点一定是驻点，但驻点不一定是极值点，如对于图 1-21(b)中的函数 $z=y^2-x^2$，点 $(0,0)$ 是其驻点，但不是极值点.

(3) 偏导数不存在的点也有可能是极值点，例如 $z=\sqrt{x^2+y^2}$，点 $(0,0)$ 是其极小值点，但是 $z_x(0,0)$，$z_y(0,0)$ 均不存在.

(4) 以上概念和结论均可推广到二元以上的函数. 例如三元函数 $u=f(x,y,z)$ 在点 (x_0,y_0,z_0) 具有偏导数，则它在点 (x_0,y_0,z_0) 取得极值的必要条件为

$$f_x(x_0,y_0,z_0)=0,\quad f_y(x_0,y_0,z_0)=0,\quad f_z(x_0,y_0,z_0)=0.$$

如何判定一个驻点是否为极值点？下面的定理部分地回答了该问题.

定理 2(极值存在的充分条件) 设函数 $z=f(x,y)$ 在点 (x_0,y_0) 的某邻域内有直到二阶的连续偏导数，且 $f_x(x_0,y_0)=0$，$f_y(x_0,y_0)=0$. 令

$$f_{xx}(x_0,y_0)=A,\quad f_{xy}(x_0,y_0)=B,\quad f_{yy}(x_0,y_0)=C.$$

(1) 当 $AC-B^2>0$ 时，函数 $f(x,y)$ 在 (x_0,y_0) 处有极值，且当 $A>0$ 时有极小值 $f(x_0,y_0)$；当 $A<0$ 时有极大值 $f(x_0,y_0)$；

(2) 当 $AC-B^2<0$ 时，函数 $f(x,y)$ 在 (x_0,y_0) 处没有极值；

(3) 当 $AC-B^2=0$ 时，函数 $f(x,y)$ 在 (x_0,y_0) 处可能有极值，也可能没有极值.

证明从略.

根据定理 1 与定理 2，我们将具有二阶连续偏导数的函数 $z=f(x,y)$ 的极值的求法归纳如下：

第一步 确定函数 $z=f(x,y)$ 的定义域；

第二步 解方程组 $f_x(x,y)=0$，$f_y(x,y)=0$，求出 $f(x,y)$ 的所有驻点；

第三步 求出函数 $f(x,y)$ 的二阶偏导数，依次确定各驻点处 A、B、C 的值，并根据 $AC-B^2$ 的符号判定驻点是否为极值点. 最后求出函数 $f(x,y)$ 在极值点处的极值.

例 1 求函数 $f(x,y)=x^3+y^3-3xy$ 的极值.

解 令

$$\begin{cases} f_x=3x^2-3y=0, \\ f_y=3y^2-3x=0, \end{cases}$$

解得驻点为 $(0,0)$ 和 $(1,1)$. 再求二阶偏导数

$$A=f_{xx}(x,y)=6x,\quad B=f_{xy}(x,y)=-3,\quad C=f_{yy}(x,y)=6y.$$

在点 $(0,0)$ 处，$A=0$，$B=-3$，$C=0$，则 $AC-B^2=-9<0$，所以点 $(0,0)$ 处没有极值；

在点(1,1)处，$A=6, B=-3, C=6$，则 $AC-B^2=27>0$，且 $A>0$，所以在点(1,1)处取到极小值 $f(1,1)=-1$.

1.7.2 二元函数的最大值与最小值

由1.2节知道，有界闭域 D 上的连续函数 $f(x,y)$，在 D 上定能取得最大值和最小值. 这种使函数取得最大值或最小值的点，即可能在 D 的内部也可能在 D 的边界上. 与一元函数求最值的方法相类似，二元函数求最值时，只需求出函数在 D 内的全部极值点，即求出 $f(x,y)$ 在各驻点和偏导数不存在的点的函数值，将其与 D 的边界上的最大值和最小值比较，其中最大者就是最大值，最小者就是最小值.

在实际问题中，根据问题的性质，如果知道 $f(x,y)$ 的最大(小)值一定在 D 的内部取到，并且 $f(x,y)$ 在 D 内只有一个驻点，则可以断定该驻点处的函数值就是 $f(x,y)$ 在 D 上的最大(小)值.

例2 一厂商通过电视和报纸两种方式做其产品的广告，据统计资料，销售收入 R 万元、电视广告费用 x 万元与报纸广告费用 y 万元之间，有如下的经验公式：

$$R=15+14x+32y-8xy-2x^2-10y^2, \quad x>0, y>0.$$

试在广告费用不限的前提下，求最优广告策略.

解 最优广告策略，是指如何分配两种不同传媒方式的广告费用，使产品的销售利润达到最大. 设利润函数为 $f(x,y)$，则

$$f(x,y)=R-(x+y)=15+13x+31y-8xy-2x^2-10y^2, \quad x>0, y>0.$$

解线性方程组

$$\begin{cases} f_x=13-8y-4x=0, \\ f_y=31-8x-20y=0 \end{cases}$$

得唯一驻点(0.75,1.25)，根据实际意义知，利润 $f(x,y)$ 一定有最大值，且在定义域内有唯一的驻点，因此可以断定，该点即为所求的最大值点. 因此当 $x=0.75$(万元)，$y=1.25$(万元)时，厂商获得最大利润 $f(0.75,1.25)=39.25$(万元).

例3 要用铁板做成一个体积为2(单位：m^3)的有盖长方体水箱. 问当长、宽、高各取怎样的尺寸时，才能使用料最省.

解 设水箱的长为 x，宽为 y，则其高为 $\frac{2}{xy}$. 此水箱所用材料的面积

$$A=2\left(xy+y\cdot\frac{2}{xy}+x\cdot\frac{2}{xy}\right)=2\left(xy+\frac{2}{x}+\frac{2}{y}\right), \quad x>0, y>0.$$

下面求使该函数取得最小值的点(x,y). 令

$$A_x=2\left(y-\frac{2}{x^2}\right)=0, \quad A_y=2\left(x-\frac{2}{y^2}\right)=0.$$

解该方程组得唯一驻点 $x=\sqrt[3]{2}, y=\sqrt[3]{2}$.

根据题意可断定，该驻点即为所求的最小值点. 因此当水箱的长为 $\sqrt[3]{2}$ m、宽为 $\sqrt[3]{2}$ m、高为 $\frac{2}{\sqrt[3]{2}\cdot\sqrt[3]{2}}=\sqrt[3]{2}$ m 时，水箱所用的材料最省.

1.7.3 条件极值、拉格朗日乘数法

前面所讨论的极值问题，对于函数的自变量一般只要求落在定义域内，并无其他限制条件，这类极值我们称为**无条件极值**. 但在实际问题中，求极值或最值时，常常对函数的自变量还要附加一定的约束条件，这类对自变量附有约束条件的极值称为**条件极值**.

对于有些实际问题，可以把条件极值转化为无条件极值. 如在例 3 中，设水箱的长、宽、高分别为 x,y,z，则例 3 就是求表面积 $A=2(xy+yz+xz)$ 在约束条件 $xyz=2$ 下的最值问题. 在其解法中，相当于从附加条件 $xyz=2$ 中解出变量 z 关于 x,y 的表达式.

但在许多情形下，将条件极值问题转化为无条件极值问题并不这样简单. 下面我们将介绍求解条件极值问题的一般方法——**拉格朗日乘数法**，其基本思想是设法将条件极值问题转化为无条件极值问题.

为简便起见，我们以三元函数 $u=f(x,y,z)$ 为例，讨论其在约束条件 $\varphi(x,y,z)=0$ 下的极值.

设函数 $f(x,y,z)$，$\varphi(x,y,z)$ 均有连续的一阶偏导数，且 $\varphi_z(x,y,z)\neq 0$. 由隐函数存在定理可知，方程 $\varphi(x,y,z)=0$ 确定了一个具有连续偏导数的函数 $z=z(x,y)$，于是得到复合函数

$$u=f(x,y,z(x,y)).$$

由取得极值的必要条件可得

$$\begin{cases}\dfrac{\partial u}{\partial x}=f_x+f_z\cdot\dfrac{\partial z}{\partial x}=0,\\[2ex]\dfrac{\partial u}{\partial y}=f_y+f_z\cdot\dfrac{\partial z}{\partial y}=0.\end{cases}$$

而由隐函数的求导法则知

$$\frac{\partial z}{\partial x}=-\frac{\varphi_x}{\varphi_z},\quad \frac{\partial z}{\partial y}=-\frac{\varphi_y}{\varphi_z}.$$

将它们代入上面的方程组，连同约束条件 $\varphi(x,y,z)=0$，得

$$\begin{cases}f_x\varphi_z-f_z\varphi_x=0,\\ f_y\varphi_z-f_z\varphi_y=0,\\ \varphi(x,y,z)=0.\end{cases}$$

由此解出的 (x_0,y_0,z_0) 即为可能的极值点.

注意，由该方程组的前两个方程可得 $\dfrac{f_x}{\varphi_x}=\dfrac{f_y}{\varphi_y}=\dfrac{f_z}{\varphi_z}$，若记 $\lambda=-\dfrac{f_z}{\varphi_z}\bigg|_{(x_0,y_0,z_0)}$，那么 x_0,y_0,z_0,λ 就满足方程组

$$\begin{cases}f_x+\lambda\varphi_x=0,\\ f_y+\lambda\varphi_y=0,\\ f_z+\lambda\varphi_z=0,\\ \varphi(x,y,z)=0.\end{cases}$$

若引入函数

$$L(x,y,z,\lambda)=f(x,y,z)+\lambda\varphi(x,y,z),$$

则这个方程组正是函数 $L(x,y,z,\lambda)$ 在点 (x_0,y_0,z_0,λ) 取得极值的必要条件. 我们将函数

$L(x,y,z,\lambda)$称为**拉格朗日函数**,参数 λ 称为**拉格朗日乘子**(Lagrange multiplier).

拉格朗日乘数法 求函数 $u=f(x,y,z)$在约束条件 $\varphi(x,y,z)=0$ 下的极值点,基本步骤为:

(1) 构造拉格朗日函数

$$L(x,y,z,\lambda)=f(x,y,z)+\lambda\varphi(x,y,z),$$

其中 λ 为待定常数;

(2) 求 $L(x,y,z,\lambda)=f(x,y,z)+\lambda\varphi(x,y,z)$对 x,y,z 及 λ 的一阶偏导数,并使之为零,得到

$$\begin{cases}L_x=f_x(x,y,z)+\lambda\varphi_x(x,y,z)=0,\\L_y=f_y(x,y,z)+\lambda\varphi_y(x,y,z)=0,\\L_z=f_z(x,y,z)+\lambda\varphi_z(x,y,z)=0,\\L_\lambda=\varphi(x,y,z)=0,\end{cases}$$

解出 x,y,z,λ,其中(x,y,z)就是 $u=f(x,y,z)$在约束条件 $\varphi(x,y,z)=0$ 下可能的极值点;

(3) 根据实际问题本身的性质,判断所求的点(x,y,z)是不是极值点.

注 (1) 拉格朗日乘数法只给出了函数取极值的必要条件,所以用上述方法求出的点是否为极值点,还需要进一步讨论.但在实际问题中,只需根据问题本身的性质判断即可.

(2) 特别地,当 f,φ 为二元函数时,相应的拉格朗日函数为

$$L(x,y,\lambda)=f(x,y)+\lambda\varphi(x,y),$$

其中 λ 为参数.由 $L(x,y,\lambda)$对 x,y 及 λ 的一阶偏导数为零的方程组解出 x,y,即得所求条件极值的可能极值点.

(3) 该方法还可以推广到自变量多于两个且条件多于一个的情形.例如,求函数 $u=f(x,y,z,t)$在附加条件 $\phi(x,y,z,t)=0$ 和 $\varphi(x,y,z,t)=0$ 下的极值,可以先构造拉格朗日函数

$$L(x,y,z,t,\lambda,\mu)=f(x,y,z,t)+\lambda\phi(x,y,z,t)+\mu\varphi(x,y,z,t)=0,$$

其中 λ,μ 均为参数.由 $L(x,y,z,t,\lambda,\mu)$对 x,y,z,t 以及 λ,μ 的一阶偏导数为零的方程组解出 x,y,z,t,即得所求条件极值的可能极值点.

例 4 求表面积为 a^2 而体积为最大的长方体的体积.

解 设长方体的长、宽、高分别为 x,y,z,于是,问题变为求函数 $V=xyz(x>0,y>0,z>0)$在约束条件 $2xy+2yz+2xz-a^2=0$ 下的最大值.为此,先构造拉格朗日函数

$$L(x,y,z,\lambda)=xyz+\lambda(2xy+2yz+2xz-a^2),$$

则

$$\begin{cases}L_x=yz+2\lambda(y+z)=0,\\L_y=xz+2\lambda(x+z)=0,\\L_z=xy+2\lambda(y+x)=0,\\L_\lambda=2xy+2yz+2xz-a^2=0.\end{cases}\tag{1-12}$$

由方程组(1-12)的前三个方程可得

$$\frac{x}{y}=\frac{x+z}{y+z},\quad \frac{y}{z}=\frac{x+y}{x+z}.$$

进而解得

$$x = y = z.$$

将其代入方程组(1-12)中的第四个方程中,得唯一可能的极值点

$$x = y = z = \frac{\sqrt{6}a}{6},$$

由问题本身的实际意义可知,该点就是所求的最大值点.即表面积为 a^2 的长方体中,以棱长为$\frac{\sqrt{6}a}{6}$的正方体的体积为最大,且最大体积 $V=\frac{\sqrt{6}}{36}a^3$.

例 5 在经济学中有个 Cobb-Douglas 生产函数模型 $f(x,y)=cx^a y^{1-a}$,式中 x 代表劳动力的数量,y 代表资本的数量(确切地说是 y 个单位资本),c 与 $a(0<a<1)$是常数,由各工厂的具体情形而定,函数值表示生产量.

现在已知某制造商的 Cobb-Douglas 生产函数是 $f(x,y)= 100x^{\frac{3}{4}}y^{\frac{1}{4}}$,每个劳动力与每单位资本的成本分别是 150 元及 250 元,该制造商的总预算是 50000 元,问他该如何分配这笔钱用于雇用劳动力与资本,以使生产量最高.

解 该问题就是求函数 $f(x,y)=100x^{3/4}y^{1/4}$在约束条件 $150x+250y=50000$ 下的最大值.令

$$L(x,y,\lambda) = 100x^{3/4}y^{1/4} + \lambda(50000 - 150x - 250y).$$

由方程组

$$\begin{cases} L_x = 75x^{-1/4}y^{1/4} - 150\lambda = 0, \\ L_y = 25x^{3/4}y^{-3/4} - 250\lambda = 0, \\ L_\lambda = 50000 - 150x - 250y = 0 \end{cases}$$

中的前两个方程可得 $x=5y$.将此结果代入方程组的第三个方程得 $x=250,y=50$,即该制造商应该雇用 250 个劳动力和 50 个资本投入,可获得最大产量.

*__例 6__ 求函数 $f(x,y)=2x^2+3y^2$ 在区域 D: $x^2+y^2\leqslant 16$ 上的最小值.

解 (1) 先求函数 $f(x,y)$在 D 内:$\{(x,y)|x^2+y^2<16\}$的无条件极值.由

$$\begin{cases} f_x = 4x = 0, \\ f_y = 6y = 0 \end{cases}$$

得到唯一驻点为$(0,0)$,且 $f(0,0)=0$;

(2) 求函数在 D 的边界:$\{(x,y)|x^2+y^2=16\}$上的极值.首先构造拉格朗日函数,令

$$L(x,y,\lambda) = 2x^2 + 3y^2 + \lambda(x^2 + y^2 - 16),$$

则

$$\begin{cases} L_x = 4x + 2\lambda x = 0, \\ L_y = 6y + 2\lambda y = 0, \\ L_\lambda = x^2 + y^2 - 16 = 0. \end{cases}$$

解得驻点为

$$\begin{cases} x = 0, \\ y = \pm 4, \\ \lambda = -3, \end{cases} \quad 或 \quad \begin{cases} x = \pm 4, \\ y = 0, \\ \lambda = -2, \end{cases}$$

且 $f(0,\pm 4)=48,f(\pm 4,0)=32$;

综上函数 $f(x,y)=2x^2+3y^2$ 在区域 $D:x^2+y^2\leqslant 16$ 上的最小值为 $f(0,0)=0$.

习题 1.7

1. 求下列函数的极值：

(1) $z=x^2+(y-1)^2$；

(2) $z=-x^2+xy-y^2+2x-y$；

(3) $z=x^3-y^3+3x^2+3y^2-9x$；

(4) $z=xy+\dfrac{50}{x}+\dfrac{20}{y}(x>0,y>0)$.

2. 制作一个容积为 V 的无盖圆柱形容器，容器的高和底半径各为多少时，所用材料最省？

3. 某工厂生产两种产品 A 与 B，出售单价分别为 10 元与 9 元，生产 x 单位的产品 A 与生产 y 单位的产品 B 的总费用是：

$$400+2x+3y+0.01(3x^2+xy+3y^2)(\text{元})$$

求取得最大利润时，两种产品的产量各多少？

4. 设销售收入 R 万元与花费在两种广告宣传的费用 x 万元和 y 万元之间的关系为：

$$R=\frac{200x}{x+5}+\frac{100y}{10+y}.$$

利润额相当五分之一的销售收入，并要扣除广告费用. 已知广告费用总预算金是 25 万元，试问如何分配两种广告费用使利润最大？

5. 求函数 $z=xy$ 在适合附加条件 $x+y=1$ 下的极值.

6. 分解已知正数 a 为三个正数之和，而使它们的倒数之和为最小.

7. 从斜边之长为 l 的一切直角三角形中，求有最大周长的直角三角形.

提高题

1. 证明函数 $z=(1+e^y)\cos x-ye^y$ 有无穷多个极大值而无一极小值.

2. 求内接于半径为 a 的球且有最大体积的长方体.

3. 求函数 $z=x^3+y^3-3xy$ 在 $x^2+y^2\leqslant 4$ 上的最大、最小值.

*1.8 数学建模举例

1.8.1 数学模型

数学建模是指为了某种特定目的，对现实世界的某一特定对象做出一些重要的简化和假设，并运用适当的数学工具得到一个数学结构，用它来解释特定现象的现实性态，预测其未来状况，并为其提供优化决策和控制方法，设计满足某种需要的产品. 数学是在实际应用的需求中产生的，要解决实际问题就必需建立数学模型，从此意义上讲数学建模和数学一样有着古老的历史.

当今，数学以空前的广度和深度向其他科学技术领域渗透，即使过去很少应用数学的领域，现在也迅速走向定量化和数量化，并且需要建立大量的数学模型来处理问题. 特别是新技术、新工艺的蓬勃兴起，以及计算机的普及和广泛应用，使得数学在许多高新技术中起着十分关键和重要的作用，因此数学建模也被时代赋予了更为重要的意义.

为了让大学生也参与到数学建模的行列来,美国于 1985 年最早举办了大学生数学建模竞赛.数学建模竞赛的赛题来源于实际问题,比赛的形式和内容为:竞赛由三名学生组成一队,赛前可由指导教师指导和培训,比赛时要求每一队就选定的赛题在连续三天的时间内以论文的形式提交解决方法及结果,论文主要包括:问题的适当阐述;合理的假设;模型的分析、建立数学方程、求解、验证;结果的分析;模型优缺点讨论等.

大学生数学建模竞赛的宗旨是鼓励大学师生对范围不固定的各种实际问题予以阐明、分析并提出解法.通过这种方式鼓励师生积极参与,培养学生用数学语言表达实际问题及用普通人能理解的语言表达数学结果的能力;应用计算机及相应数学软件的能力;独立查找文献、自学的能力;组织、协调、管理的能力;创造力、想象力和洞察力.此外,它还可以培养学生不怕吃苦、敢于战胜困难的坚强意志,培养自律、团结的优秀品质,培养正确的数学观.

下面介绍两类在数学建模中常常遇到的问题和解决方法.

1.8.2 最小二乘法

数理统计中常用到回归分析,也就是根据实际测量得到的一组数据来找出变量间的函数关系的近似表达式.通常把这样得到的函数的近似表达式叫做**经验公式**.这是一种广泛采用的数据处理的方法.经验公式建立后,就可以把生产或实践中所积累的某些经验提高到理论上加以分析,并由此作出某些预测.下面我们通过实例来介绍一种常用的建立经验公式的方法.

例 1 为测定刀具的磨损速度,按每隔一小时测量一次刀具厚度的方式,得到表 1-1 所示的实测数据:

表 1-1

顺序编号 i	0	1	2	3	4	5	6	7
时间 t_i/h	0	1	2	3	4	5	6	7
刀具厚度 y_i/mm	27.0	26.8	26.5	26.3	26.1	25.7	25.3	24.8

试根据这组实测数据建立变量 y 和 t 之间的经验公式 $y=f(t)$.

解 观察散点图 1-22,易发现所求函数 $y=f(t)$ 可近似看作线性函数,因此可设

$$f(t)=at+b,$$

其中 a 和 b 是待定常数,但因为图 1-22 中各点并不在同一条直线上,因此希望偏差 $y_i-f(t_i)(i=0,1,2,\cdots,7)$ 都很小.为了保证每个这样的偏差都很小,可考虑选取常数 a,b,使得

$$M=\sum_{i=0}^{7}[y_i-(at_i+b)]^2$$

最小.这种根据偏差的平方和为最小的条件来选择常数 a,b 的方法叫做**最小二乘法**.

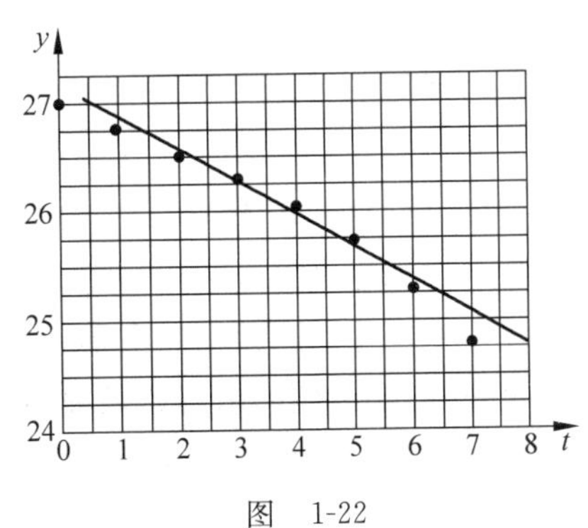

图 1-22

下面选取常数 a,b，使 $M=\sum_{i=0}^{7}[y_i-(at_i+b)]^2$ 最小. 把 M 看成关于自变量 a 和 b 的一个二元函数，那么该问题就可归结为求函数 $M=M(a,b)$ 在哪些点处取得最小值. 令

$$\begin{cases}\dfrac{\partial M}{\partial a}=-2\sum_{i=0}^{7}[y_i-(at_i+b)]t_i=0,\\ \dfrac{\partial M}{\partial b}=-2\sum_{i=0}^{7}[y_i-(at_i+b)]=0,\end{cases}$$

即

$$\begin{cases}\sum_{i=0}^{7}[y_i-(at_i+b)]t_i=0,\\ \sum_{i=0}^{7}[y_i-(at_i+b)]=0,\end{cases}$$

整理得

$$\begin{cases}a\sum_{i=0}^{7}t_i^2+b\sum_{i=0}^{7}t_i=\sum_{i=0}^{7}y_it_i,\\ a\sum_{i=0}^{7}t_i+8b=\sum_{i=0}^{7}y_i.\end{cases}\tag{1-13}$$

分别计算，得

$$\sum_{i=0}^{7}t_i=28,\quad \sum_{i=0}^{7}t_i^2=140,\quad \sum_{i=0}^{7}y_i=208.5,\quad \sum_{i=0}^{7}y_it_i=717.$$

代入方程组(1-13)，可求得

$$a=-0.3036,\quad b=27.125.$$

于是，所求经验公式为

$$y=f(t)=-0.3036t+27.125.$$

根据上式算出的 $f(t_i)$ 与实测的 y_i 有一定的偏差，具体数值如表 1-2 所示.

表 1-2

t_i	0	1	2	3	4	5	6	7
实测 y_i	27.0	26.8	26.5	26.3	26.1	25.7	25.3	24.8
计算 $f(t_i)$	27.125	26.821	26.518	26.214	25.911	25.607	25.303	25.000
偏差	−0.125	−0.021	−0.018	−0.086	0.189	0.093	−0.003	−0.200

其偏差的平方和 $M=0.108165$，其平方根 $\sqrt{M}=0.392$. 我们把 $\sqrt{M}$ 称为**均方误差**，它的大小在一定程度上反映了用经验公式近似表达原来函数关系的近似程度的好坏.

注 本例中实测数据的图形近似为一条直线，因而认为所求函数关系可近似看作线性函数关系，这类问题的求解比较简便. 有些实际问题中，经验公式的类型虽然不是线性函数，但我们可以设法把它转化成线性函数的类型来讨论.

1.8.3 线性规划问题

求多个自变量的线性函数在一组线性不等式约束条件下的最大值或最小值问题，这类

问题叫做**线性规划**问题.下面通过实例来说明.

例 2 一份简化的食物由粮和肉两种食品做成,每份粮价值 30 分,其中含有 4 单位糖,5 单位维生素和 2 单位蛋白质;每一份肉价值 50 分,其中含有 1 单位糖,4 单位维生素和 4 单位蛋白质.对一份食物的最低要求是它至少要由 8 单位糖,20 单位维生素和 10 单位蛋白质组成,问应当选择什么样的食物,才能使价钱最便宜(价值最低).

解 设食物由 x 份粮和 y 份肉组成,其价值为 $C=30x+50y$.由食物的最低要求得到三个不等式约束条件,即:

为了满足对糖的要求,应有 $4x+y\geqslant 8$;

为了满足对维生素的要求,应有 $5x+4y\geqslant 20$;

为了满足对蛋白质的要求,应有 $2x+4y\geqslant 10$,并且还有 $x\geqslant 0, y\geqslant 0$.

上述五个不等式把问题的解限制在平面上如图 1-23 所示的阴影区域中,现在考虑直线族

$$C=30x+50y.$$

当 C 逐渐增加时,与阴影区域相交的第一条直线是通过顶点 S 的直线,S 是两条直线 $5x+4y=20$ 和 $2x+4y=10$ 的交点,所以点 S 对应于 C 的最小值的坐标是 $\left(\frac{10}{3},\frac{5}{6}\right)$,即这种食物是由 $3\frac{1}{3}$ 份粮和 $\frac{5}{6}$ 份肉组成.代入 $C=30x+50y$ 即得到所要求的食物的最低价值

$$C_{\min}=30\times\frac{10}{3}+50\times\frac{5}{6}=141\frac{2}{3}\text{ 分}.$$

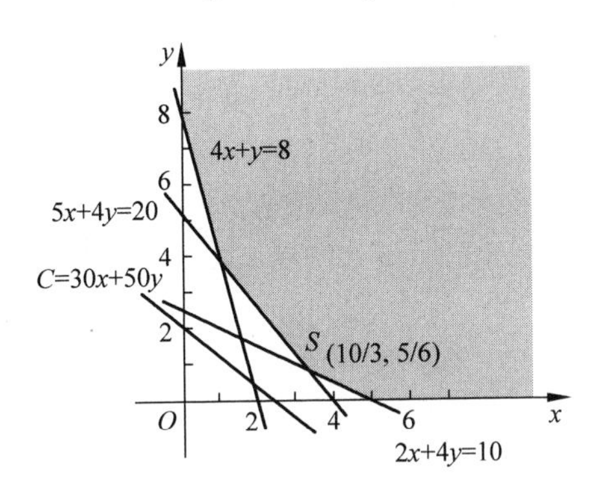

图 1-23

下面的例子是用几何方法来解决的.

例 3 一个糖果制造商有 500g 巧克力,100g 核桃和 50g 果料.他用这些原料生产三种类型的糖果. A 类每盒用 3g 巧克力,1g 核桃和 1g 果料,售价 10 元. B 类每盒用 4g 巧克力和 1g 核桃,售价 6 元. C 类每盒是 5g 巧克力,售价 4 元.假设这三类糖果都很畅销.问每类糖果各应做多少盒,才能使总收入最大?

解 设制造商生产 A,B,C 三类糖果各为 x,y,z 盒,则总收入是 $R=10x+6y+4z$(元).

不等式约束条件由巧克力、核桃和果料的存货限额给出,依次为

$$3x+4y+5z\leqslant 500,\quad x+y\leqslant 100,\quad x\leqslant 50.$$

当然,由问题的性质知,x,y 和 z 也是非负的,所以 $x\geqslant 0, y\geqslant 0, z\geqslant 0$.

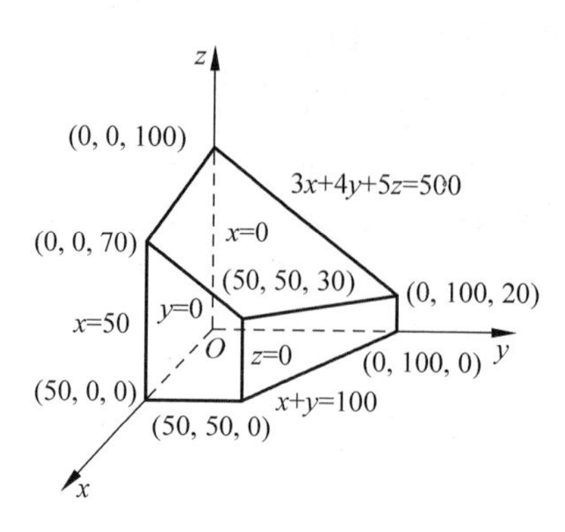

图 1-24

于是,问题化为:求 R 的满足这些不等式的最大值.

上述不等式把允许的解限制在 xOy 空间中的一个多面体区域之内(如图 1-24 所示).在平行平面 $10x+6y+4z=R$ 中只有一部分平面和这个区域相交,随着 R 增大,平面离原点越来越远.显然,R 的最大值一定出现在这样的平面上,这种平面正好经过允许值所在多面体区域的一个顶点,所求的解对应于 R 取最大值的那个顶点,计算结果列在表 1-3 中.

表 1-3

顶点	(0,0,0)	(50,0,0)	(50,50,0)	(50,50,30)	(50,0,70)	(0,0,100)	(0,100,20)	(0,100,0)
R 值	0	500	800	920	780	400	680	600

由表 1-3 可见,R 的最大值是 920 元,相应的点是(50,50,30),所以 A 类 50 盒,B 类 50 盒,C 类 30 盒时收入最多.

复习题 1

1. 填空题

(1) 函数 $u=\arccos\dfrac{z}{\sqrt{x^2+y^2}}$ 的定义域为________.

(2) $\lim\limits_{(x,y)\to(1,0)}\dfrac{\ln(x+e^y)}{\sqrt{x^2+y^2}}=$________.

(3) 设 $f(x,y)=(y-2)\sin x\cdot\ln(y+e^{x^2})+x^2$,则 $f_x(1,2)=$________.

(4) 设 $z=\arctan\dfrac{x+y}{x-y}$,则 $dz=$________.

(5) $f(x,y)$ 在点 (x,y) 可微分是 $f(x,y)$ 在该点连续的________条件,$f(x,y)$ 在点 (x,y) 连续是 $f(x,y)$ 在该点可微分的________条件.

(6) $z=f(x,y)$ 的两个二阶混合偏导数 $\dfrac{\partial^2 z}{\partial x\partial y}$ 及 $\dfrac{\partial^2 z}{\partial y\partial x}$ 在区域 D 内连续是这两个二阶混合偏导数相等的________条件.

(7) 函数 $z=f(x,y)$ 在点 (x,y) 的偏导数 $\dfrac{\partial z}{\partial x}$ 及 $\dfrac{\partial z}{\partial y}$ 存在是 $f(x,y)$ 在该点可微分的

________条件.

(8) 设函数 $f(x,y)=\begin{cases}\dfrac{x^3y}{x^6+y^2}, & (x,y)\neq(0,0),\\ 0, & (x,y)=(0,0),\end{cases}$ 则它在点(0,0)处的极限________.

2. 求下列各函数的极限：

(1) $\lim\limits_{\substack{x\to\infty\\y\to\infty}}\left(1-\dfrac{2}{x^2+y^2}\right)^{2(x^2+y^2)}$；　　(2) $\lim\limits_{\substack{x\to\infty\\y\to\infty}}\dfrac{x+y}{x^2+y^2}$.

3. 讨论函数 $f(x,y)=\begin{cases}\dfrac{xy^2}{x^2+y^4}, & x^2+y^2\neq0,\\ 0, & x^2+y^2=0\end{cases}$ 的连续性.

4. 计算下列各题：

(1) 设 $z=\ln(x+y^2)$，求 $\dfrac{\partial^2 z}{\partial x^2},\dfrac{\partial^2 z}{\partial x\partial y}$；

(2) 设 $u=e^{xyz}$，求 $\dfrac{\partial^3 u}{\partial x\partial y\partial z}$；

(3) 设 $z=\arctan\left(\dfrac{x}{1+y^2}\right)$，求 $dz|_{(1,1)}$；

(4) 设 $z=uv^2+t\cos u, u=e^t, v=\ln t$，求 $\dfrac{dz}{dt}$；

(5) 已知 $f(x+y,x-y)=x^2-y^2$，求 $\dfrac{\partial f(x,y)}{\partial x}+\dfrac{\partial f(x,y)}{\partial y}$.

5. 设 $z=f(x,y)$ 是由方程 $e^z-z+xy^3=0$ 确定的隐函数，求 $\dfrac{\partial z}{\partial x},\dfrac{\partial z}{\partial y},\dfrac{\partial^2 z}{\partial x\partial y}$.

6. 某公司通过报纸和电视传媒做某种产品的促销广告，根据统计资料，销售收入 R 与报纸广告费 x 及电视广告费 y（单位：万元）之间的关系有如下经验公式：$R=15+13x+31y-8xy-2x^2-10y^2$，在限定广告费为 1.5 万元的情况下，求相应的最优广告策略.

1. 判断题

(1) 若函数 $f(x,y)$ 在 (x_0,y_0) 处的两个偏导数都存在，则 $f(x,y)$ 在 (x_0,y_0) 处连续.　(　　)

(2) 若 $\lim\limits_{\substack{x\to0\\y=kx}}f(x,y)=A$，则 $\lim\limits_{\substack{x\to0\\y\to0}}f(x,y)=A$.　(　　)

(3) 二元函数 $f(x,y)$ 在点 (x_0,y_0) 处两个偏导数 $f_x(x_0,y_0),f_y(x_0,y_0)$ 存在是 $f(x,y)$ 在该点连续的必要条件.　(　　)

(4) 若 $z=f(x,y)$ 在点 $P(x_0,y_0)$ 存在一阶偏导数，则 $z=f(x,y)$ 在点 $P(x_0,y_0)$ 处必可微.　(　　)

2. 填空题

(1) 函数 $z=\ln(4-x^2-y^2)+\dfrac{1}{\sqrt{x^2+y^2-1}}$ 的定义域是________.

(2) $\lim\limits_{\substack{x\to 0\\ y\to 2}}\dfrac{y\sin(xy)}{x}=$________.

(3) 设 $z=x^y$,则 $z_x(1,0)=$________,$z_y(1,0)=$________,$\mathrm{d}z=$________.

(4) 若 $z=f(x,y)$ 在区域 D 上的两个混合偏导数 $\dfrac{\partial^2 z}{\partial x\partial y},\dfrac{\partial^2 z}{\partial y\partial x}$________,则在 D 上,$\dfrac{\partial^2 z}{\partial x\partial y}=\dfrac{\partial^2 z}{\partial y\partial x}$.

(5) 函数 $z=f(x,y)$ 在点 (x_0,y_0) 处可微的________条件是 $z=f(x,y)$ 在点 (x_0,y_0) 处的偏导数存在.

3. 求下列各极限:

(1) $\lim\limits_{\substack{x\to 0\\ y\to 0}}(\sqrt[3]{x}+y)\sin\dfrac{1}{x}\cos\dfrac{1}{y}$;

(2) $\lim\limits_{\substack{x\to 0\\ y\to 0}}\mathrm{e}^{\frac{1}{x^2+y^2}}\sin(\mathrm{e}^{\frac{-1}{x^2+y^2}})$.

4. 求下列函数的一阶偏导数:

(1) $u=\mathrm{e}^{xy^2z^3}$;

(2) $z=\arcsin\dfrac{x}{\sqrt{x^2+y^2}}$.

5. 设 $z=x\ln(xy)$,求 $\dfrac{\partial^2 z}{\partial x\partial y}$.

6. 设 $u=\mathrm{e}^x(y-z)$,$x=t$,$y=\sin t$,$z=\cos t$,求 $\dfrac{\mathrm{d}u}{\mathrm{d}t}$.

7. 设 $z=f\left(x^2+y^2,\dfrac{y}{x}\right)$,其中 f 有一阶偏导数,求 $\dfrac{\partial z}{\partial x},\dfrac{\partial z}{\partial y}$.

8. 设 $z=y\mathrm{e}^{x^2}+\cos y$,求全微分 $\mathrm{d}z$.

9. 设 $xy+\mathrm{e}^y=\mathrm{e}^x$,求 $\dfrac{\mathrm{d}y}{\mathrm{d}x}$.

10. 求函数 $f(x,y)=4(x-y)-x^2-y^2$ 的极值.

11. 要建造一个容积为 $10\mathrm{m}^3$ 的无盖长方体贮水池,底面材料单价为 20 元/m^2,侧面材料单价为 8 元/m^2.问应如何设计尺寸,方使材料费用最低?

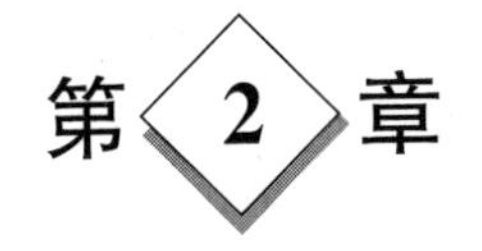

重积分

Multiple Integral

重积分是定积分的推广，其中蕴含的数学思想与定积分一样，也是某种确定形式和的极限. 本章重点介绍二重积分，其推广主要包括两个方面：一是被积函数由一元函数推广至二元函数；二是积分范围由一个区间推广至平面的一个区域. 本章主要介绍二重积分的概念、性质、计算方法及简单应用.

2.1 二重积分的概念与性质

2.1.1 引例

引例 1 求曲顶柱体的体积

设有一立体，它的底是 xOy 面上的闭区域 D，它的侧面是以 D 的边界曲线为准线、母线平行于 z 轴的柱面，它的顶是曲面 $z=f(x,y)$，其中 $f(x,y)\geqslant 0$ 且在 D 上连续，这种立体称为**曲顶柱体**(cylindrical body under the surface)(如图 2-1(a)所示). 下面求曲顶柱体的体积.

若构成曲顶柱体的顶是平顶的，即高 $f(x,y)$ 为一常数，则平顶柱体的体积可用下面的公式来计算：

$$\text{体积} = \text{底面积} \times \text{高}.$$

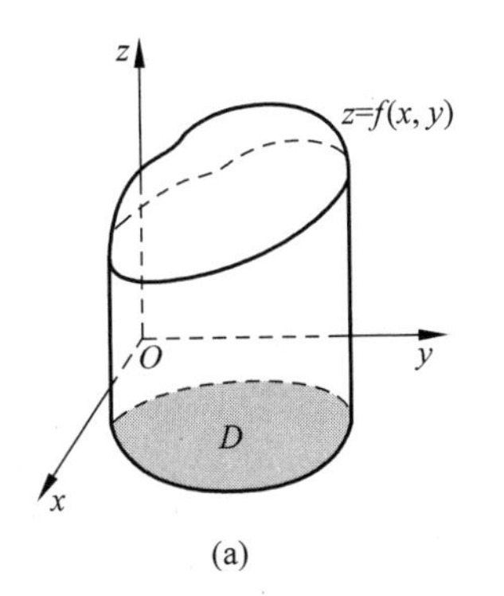

(a)

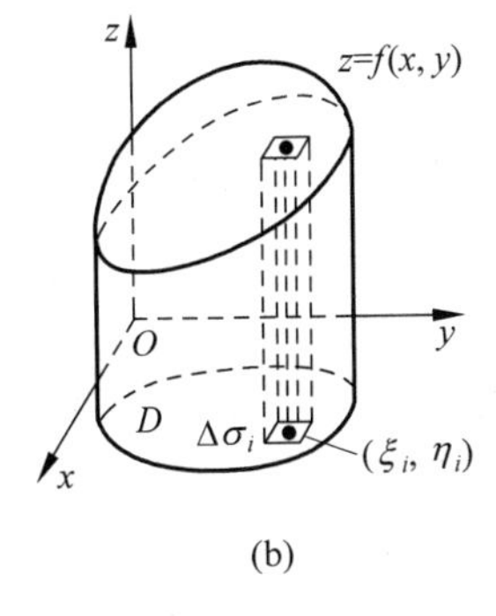

(b)

图 2-1

若构成曲顶柱体的顶 $z=f(x,y)$ 是曲面，即高 $f(x,y)$ 不是常数而是变动的，不能直接利用上述体积公式计算. 与定积分中计算曲边梯形面积时遇到的问题相类似，可以利用类似于求曲边梯形面积的方法（即分割、近似代替、求和、取极限的方法）求曲顶柱体的体积.

(1) **分割** 用任意一组网线把区域 D 分割成 n 个小闭区域

$$\Delta\sigma_1,\Delta\sigma_2,\cdots,\Delta\sigma_n,$$

并以 $\Delta\sigma_i$ 表示第 i 个小闭区域的面积. 分别以这些小闭区域的边界曲线为准线，作母线平行于 z 轴的柱面，这些柱面把原来的曲顶柱体分成 n 个小曲顶柱体（如图 2-1(b)所示）.

(2) **近似代替** 由于 $f(x,y)$ 在 D 上连续，当这些小闭区域的直径（即区域上任意两点间距离的最大者）都很小时，对于同一个小闭区域来说，$f(x,y)$ 变化很小，这时每个小曲顶柱体可以近似地看作平顶柱体. 记第 i 个小曲顶柱体的体积为 ΔV_i，在其底 $\Delta\sigma_i$ 上任取一点 (ξ_i,η_i)，ΔV_i 可用底面积为 $\Delta\sigma_i$，高为 $f(\xi_i,\eta_i)$ 的平顶柱体的体积近似代替，即

$$\Delta V_i \approx f(\xi_i,\eta_i)\Delta\sigma_i,\quad i=1,2,\cdots,n.$$

(3) **求和** 将这些小平顶柱体的体积 $f(\xi_i,\eta_i)\Delta\sigma_i(i=1,2,\cdots,n)$ 相加，可以得到整个曲顶柱体体积 V 的近似值，即

$$V=\sum_{i=1}^{n}\Delta V_i \approx \sum_{i=1}^{n} f(\xi_i,\eta_i)\Delta\sigma_i.$$

(4) **取极限** 由于划分越细，小平顶柱体的体积和 $\sum\limits_{i=1}^{n} f(\xi_i,\eta_i)\Delta\sigma_i$ 就越接近真实的体积值. 所以设 n 个小闭区域的直径最大者为 λ，当 $\lambda\to 0$ 时，$\sum\limits_{i=1}^{n} f(\xi_i,\eta_i)\Delta\sigma_i$ 的极限就是所要求的曲顶柱体的体积 V，即

$$V=\lim_{\lambda\to 0}\sum_{i=1}^{n} f(\xi_i,\eta_i)\Delta\sigma_i.$$

引例 2 求平面薄片的质量

设有一平面薄片，占有 xOy 面上的有界闭区域 D，在点 (x,y) 处的面密度为 $\rho(x,y)$，假定 $\rho(x,y)$ 在 D 上连续，且 $\rho(x,y)>0$. 现计算平面薄片的质量 m.

我们知道，如果薄片是均匀的，即面密度是常数，那么薄片的质量可用下面的公式来计算：

$$质量 = 面密度 \times 面积.$$

现在面密度 $\rho(x,y)$ 是变量，薄片的质量就不能直接用上式来计算. 但是仍然可以用解决曲顶柱体体积问题的思想方法来处理.

由于 $\rho(x,y)$ 在区域 D 上连续，将薄片分割成 n 个小块 $\Delta\sigma_i(i=1,2,\cdots,n)$，当每小块所占的闭区域的直径很小时，每小块可近似地看成均质薄片（如图 2-2 所示）. 即在第 i 个小块 $\Delta\sigma_i$ 上任取一点 (ξ_i,η_i)，以该点所对应的面密度 $\rho(\xi_i,\eta_i)$ 代替整个第 i 个小块薄片的面密度，则 $\rho(\xi_i,\eta_i)\Delta\sigma_i$ 可看作第 i 个小块薄片质量的近似值. 用 λ 表示 n 个小闭区域的直径最大者，于是再通过求和、取极限，便可求出平面薄片的质量

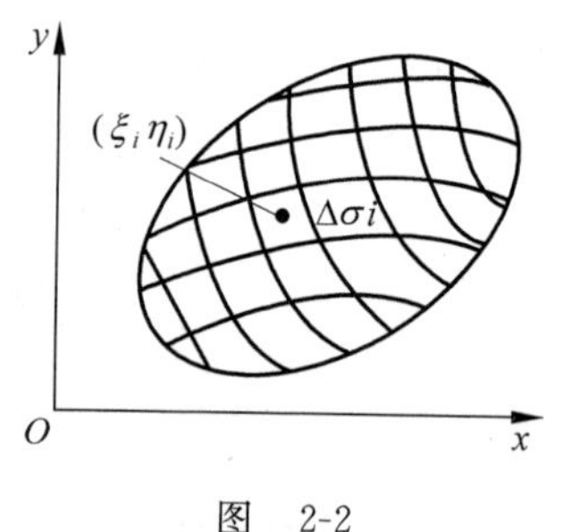

图 2-2

$$m=\lim_{\lambda\to 0}\sum_{i=1}^{n}\rho(\xi_i,\eta_i)\Delta\sigma_i.$$

上述两个问题的实际意义虽然不同,但是都可通过分割、近似代替、求和、取极限这四个步骤,将所求量化为求同一形式和的极限

$$\lim_{\lambda\to 0}\sum_{i=1}^{n}f(\xi_i,\eta_i)\Delta\sigma_i$$

的问题.在物理、数学、工程技术中的很多问题都可以归结为求这种形式的和的极限问题,由此引入二重积分的定义.

2.1.2　二重积分的概念

定义1　设 $f(x,y)$是有界闭区域 D 上的有界函数,将闭区域 D 任意分成 n 个小闭区域 $\Delta\sigma_1,\Delta\sigma_2,\cdots,\Delta\sigma_n$,其中 $\Delta\sigma_i$ 表示第 i 个小闭区域,也表示它的面积.在每个 $\Delta\sigma_i$ 上任取一点 (ξ_i,η_i),作乘积

$$f(\xi_i,\eta_i)\Delta\sigma_i,\quad i=1,2,\cdots,n,$$

并作和

$$\sum_{i=1}^{n}f(\xi_i,\eta_i)\Delta\sigma_i.$$

如果当各小闭区域的直径中的最大值 λ 趋近于零时,这个和式的极限存在,则称此极限为函数 $f(x,y)$在闭区域 D 上的**二重积分**(double integral),记为$\iint\limits_D f(x,y)\mathrm{d}\sigma$,即

$$\iint\limits_D f(x,y)\mathrm{d}\sigma=\lim_{\lambda\to 0}\sum_{i=1}^{n}f(\xi_i,\eta_i)\Delta\sigma_i,$$

其中,$f(x,y)$称为**被积函数**,$f(x,y)\mathrm{d}\sigma$ 称为**被积表达式**,$\mathrm{d}\sigma$ 称为**面积微元**,x 和 y 称为**积分变量**,D 称为**积分区域**,$\sum\limits_{i=1}^{n}f(\xi_i,\eta_i)\Delta\sigma_i$ 称为**积分和**.

注　(1) 如果$\iint\limits_D f(x,y)\mathrm{d}\sigma$ 存在,也称 $f(x,y)$在区域 D 上**可积**.可以证明,当 $f(x,y)$在闭区域 D 上连续时,$f(x,y)$在区域 D 上可积.

(2) 二重积分是一个数值,这个值仅与被积函数 $f(x,y)$和积分区域 D 有关,而与区域 D 的划分方法、点(ξ_i,η_i)的取法以及积分变量用什么字母表示无关,即

$$\iint\limits_D f(x,y)\mathrm{d}\sigma=\iint\limits_D f(u,v)\mathrm{d}\sigma.$$

根据二重积分的定义可知,曲顶柱体的体积是函数 $f(x,y)$在底 D 上的二重积分,即

$$V=\iint\limits_D f(x,y)\mathrm{d}\sigma.$$

平面薄片的质量是它的面密度 $\rho(x,y)$在薄片所占区域 D 上的二重积分,即

$$m=\iint\limits_D \rho(x,y)\mathrm{d}\sigma.$$

二重积分的几何意义　当被积函数 $f(x,y)\geqslant 0$ 时,$\iint\limits_D f(x,y)\mathrm{d}\sigma$ 表示以区域 D 为底,以

曲面 $z=f(x,y)$ 为顶的曲顶柱体的体积；当被积函数 $f(x,y)<0$ 时，柱体位于 xOy 面的下方，$\iint\limits_D f(x,y)\mathrm{d}\sigma$ 等于曲顶柱体体积的负值；当被积函数 $f(x,y)$ 在区域 D 上有正有负时，$\iint\limits_D f(x,y)\mathrm{d}\sigma$ 等于在 xOy 面上曲顶柱体体积的代数和.

例 1 计算 $\iint\limits_D \sqrt{9-x^2-y^2}\,\mathrm{d}\sigma$，其中 $D=\{(x,y)\mid x^2+y^2\leqslant 9\}$.

解 由二重积分的几何意义知，$\iint\limits_D \sqrt{9-x^2-y^2}\,\mathrm{d}\sigma$ 等于球心在坐标原点，半径为 3 的上半球的体积，所以

$$\iint\limits_D \sqrt{9-x^2-y^2}\,\mathrm{d}\sigma=\frac{1}{2}\times\frac{4}{3}\pi\times 3^3=18\pi.$$

2.1.3 二重积分的性质

假设 $f(x,y)$，$g(x,y)$ 在闭区域 D 上可积，根据二重积分的定义，可证得二重积分与定积分有类似的性质：

性质 1 $\iint\limits_D [f(x,y)\pm g(x,y)]\mathrm{d}\sigma=\iint\limits_D f(x,y)\mathrm{d}\sigma\pm\iint\limits_D g(x,y)\mathrm{d}\sigma.$

性质 2 $\iint\limits_D kf(x,y)\mathrm{d}\sigma=k\iint\limits_D f(x,y)\mathrm{d}\sigma$ （k 为常数）.

性质 3 如果闭区域 D 可被曲线分为两个没有公共内点的闭子区域 D_1 和 D_2，则

$$\iint\limits_D f(x,y)\mathrm{d}\sigma=\iint\limits_{D_1} f(x,y)\mathrm{d}\sigma+\iint\limits_{D_2} f(x,y)\mathrm{d}\sigma.$$

这个性质表明**二重积分对积分区域具有可加性**.

性质 4 如果在闭区域 D 上，$f(x,y)=1$，σ 为 D 的面积，则

$$\iint\limits_D 1\cdot\mathrm{d}\sigma=\iint\limits_D \mathrm{d}\sigma=\sigma.$$

这个性质的几何意义是：以 D 为底、高为 1 的平顶柱体的体积在数值上等于柱体的底面积.

性质 5 如果在闭区域 D 上，有 $f(x,y)\leqslant g(x,y)$，则

$$\iint\limits_D f(x,y)\mathrm{d}\sigma\leqslant\iint\limits_D g(x,y)\mathrm{d}\sigma.$$

特别地，有 $\left|\iint\limits_D f(x,y)\mathrm{d}\sigma\right|\leqslant\iint\limits_D |f(x,y)|\,\mathrm{d}\sigma.$

例 2 比较 $\iint\limits_D \ln(x+y)\mathrm{d}\sigma$ 与 $\iint\limits_D [\ln(x+y)]^2\mathrm{d}\sigma$ 的大小，其中 D 是以点 $(1,0)$，$(1,1)$，$(2,0)$ 为顶点的三角形闭区域.

解 因为在区域 D 内有

$$1\leqslant x+y\leqslant 2<\mathrm{e},$$

所以

$$0<\ln(x+y)<1,$$

因此 $\ln(x+y)>[\ln(x+y)]^2$，于是

$$\iint\limits_D \ln(x+y)\,d\sigma > \iint\limits_D [\ln(x+y)]^2\,d\sigma.$$

性质 6 设 M,m 分别是 $f(x,y)$ 在闭区域 D 上的最大值和最小值，σ 为 D 的面积，则

$$m\sigma \leqslant \iint\limits_D f(x,y)\,d\sigma \leqslant M\sigma.$$

这个不等式称为**二重积分的估值不等式**.

例 3 估计 $I=\iint\limits_D e^{(x^2+y^2)}\,d\sigma$ 的值，其中 D 是椭圆闭区域：$\dfrac{x^2}{a^2}+\dfrac{y^2}{b^2}\leqslant 1(0<b<a)$.

解 区域 D 的面积 $\sigma=\pi ab$，因为在 D 上 $0\leqslant x^2+y^2\leqslant a^2$，所以

$$1=e^0\leqslant e^{x^2+y^2}\leqslant e^{a^2},$$

由性质 6 知

$$\sigma\leqslant\iint\limits_D e^{(x^2+y^2)}\,d\sigma\leqslant\sigma e^{a^2},\quad 即\quad \pi ab\leqslant\iint\limits_D e^{(x^2+y^2)}\,d\sigma\leqslant\pi ab\,e^{a^2}.$$

性质 7(积分中值定理) 设 $f(x,y)$ 在闭区域 D 上连续，σ 为 D 的面积，则至少存在一点 $(\xi,\eta)\in D$，使得

$$\iint\limits_D f(x,y)\,d\sigma=f(\xi,\eta)\cdot\sigma.$$

证明 由于 $f(x,y)$ 在闭区域 D 上连续，则 $f(x,y)$ 在闭区域 D 上一定有最小值和最大值，分别记为 m 和 M，再由性质 6 得

$$m\sigma\leqslant\iint\limits_D f(x,y)\,d\sigma\leqslant M\sigma.$$

于是

$$m\leqslant\frac{\iint\limits_D f(x,y)\,d\sigma}{\sigma}\leqslant M.$$

再由介值性定理，至少存在一点 $(\xi,\eta)\in D$，使得

$$\frac{1}{\sigma}\iint\limits_D f(x,y)\,d\sigma=f(\xi,\eta),\quad 即\quad \iint\limits_D f(x,y)\,d\sigma=f(\xi,\eta)\sigma.$$

习题 2.1

1. 用二重积分表示由平面 $\dfrac{x}{2}+\dfrac{y}{3}+\dfrac{z}{4}=1, x=0, y=0, z=0$ 所围成的曲顶柱体的体积 V，并用不等式组表示曲顶柱体在 xOy 坐标面上的底.

2. 利用二重积分的几何意义确定积分的值：

(1) $\iint\limits_D d\sigma, D: x^2+y^2\leqslant 1$；　　(2) $\iint\limits_D \sqrt{R^2-x^2-y^2}\,d\sigma, D: x^2+y^2\leqslant R^2$.

3. 利用二重积分的性质，比较下列积分的大小：

(1) $\iint\limits_D e^{xy}\,d\sigma$ 与 $\iint\limits_D e^{2xy}\,d\sigma$，其中 $D=\{(x,y)\mid 0\leqslant x\leqslant 1, 0\leqslant y\leqslant 1\}$；

(2) $\iint\limits_D (x+y)^2 \mathrm{d}\sigma$ 与 $\iint\limits_D (x+y)^3 \mathrm{d}\sigma$，其中 D 由 x 轴、y 轴及 $x+y=1$ 围成；

(3) $\iint\limits_D \tan^2(x+y)\mathrm{d}\sigma$ 与 $\iint\limits_D \tan^3(x+y)\mathrm{d}\sigma$，其中 D 为不等式组 $\begin{cases} 0 \leqslant x \leqslant \dfrac{\pi}{8}, \\ 0 \leqslant y \leqslant \dfrac{\pi}{8} - x \end{cases}$ 所确定的闭区域.

4. 利用二重积分的性质估计下列积分值：

(1) $\iint\limits_D (x^2+4y^2+9)\mathrm{d}\sigma$，其中 D 是圆形闭区域 $x^2+y^2 \leqslant 4$；

(2) $\iint\limits_D \dfrac{\mathrm{d}\sigma}{\sqrt{x^2+y^2+2xy+16}}$，其中 $D=\{(x,y)\mid 0\leqslant x\leqslant 1, 0\leqslant y\leqslant 2\}$；

(3) $\iint\limits_D \cos^2 x\cos^2 y\mathrm{d}\sigma$，其中 D 为 $\left\{(x,y)\,\middle|\, -\dfrac{\pi}{2}\leqslant x\leqslant \dfrac{\pi}{2}, -\dfrac{\pi}{2}\leqslant y\leqslant \dfrac{\pi}{2}\right\}$.

提高题

1. 已知函数 $F(x,y)=xy+\iint\limits_D f(x,y)\mathrm{d}\sigma$，其中 D 是有界闭区域，且 $f(x,y)$ 在 D 上连续，求 $F(x,y)$ 在点 $(1,1)$ 处的全微分.

2. 利用二重积分的性质计算：$\lim\limits_{r\to 0}\dfrac{1}{\pi r^2}\iint\limits_D \mathrm{e}^{x^2-y^2}\cos(x+y)\mathrm{d}x\mathrm{d}y$，其中 D 是圆形闭区域 $x^2+y^2\leqslant r^2$.

2.2 二重积分的计算(一)

利用二重积分的定义直接计算二重积分是十分困难的. 本节和下一节将介绍二重积分的计算方法，其基本思想是将二重积分化为两次定积分来计算. 本节先介绍在直角坐标系下二重积分的计算方法.

2.2.1 利用直角坐标计算二重积分

由于二重积分的定义中对闭区域 D 的划分是任意的，因此，在直角坐标系中常用平行于 x 轴和 y 轴的两组直线来划分区域 D，这样除了包含边界点的一些小闭区域外，其余的小闭区域都是矩形闭区域. 设矩形闭区域 $\Delta\sigma_i$ 的边长为 Δx_i 和 Δy_i，则 $\Delta\sigma_i=\Delta x_i\cdot\Delta y_i$. 因此，在直角坐标系中常把面积元素 $\mathrm{d}\sigma$ 记作 $\mathrm{d}x\mathrm{d}y$，进而可把二重积分记作 $\iint\limits_D f(x,y)\mathrm{d}x\mathrm{d}y$，其中 $\mathrm{d}x\mathrm{d}y$ 称为直角坐标系下的面积**微元**.

下面从几何的观点，根据积分区域 D 的不同形状，分别来讨论 $\iint\limits_D f(x,y)\mathrm{d}\sigma$ 的计算问题. 在讨论中假定 $f(x,y)\geqslant 0$.

1. 积分区域 D 为 X-型区域

若积分区域 D 可表示为

$$D=\{(x,y)\mid a\leqslant x\leqslant b,\varphi_1(x)\leqslant y\leqslant\varphi_2(x)\},$$

其中函数 $\varphi_1(x)$,$\varphi_2(x)$在$[a,b]$上连续,则称 D 为 X-型区域(如图 2-3 所示).

X-型区域的特点是:穿过区域 D 的内部且垂直于 x 轴的直线与区域的边界相交不多于两点.

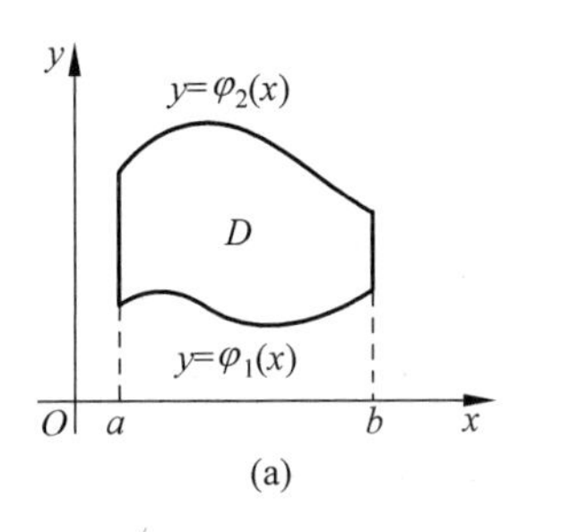

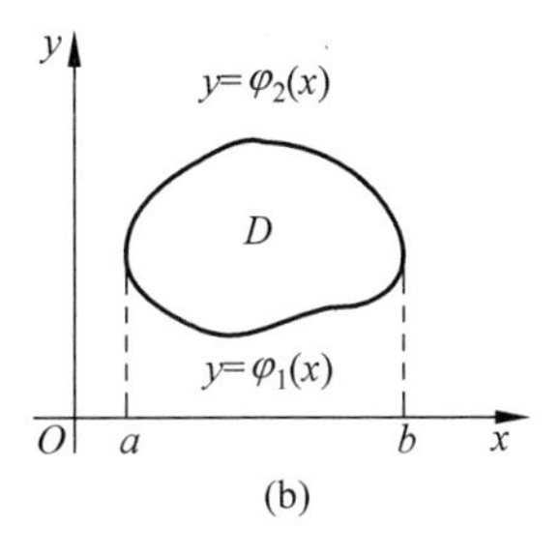

图 2-3

由二重积分的几何意义知,当 $f(x,y)$在闭区域 D 上连续且 $f(x,y)\geqslant 0$ 时,$\iint\limits_D f(x,y)\mathrm{d}\sigma$ 表示以 D 为底,以曲面 $z=f(x,y)$为顶的曲顶柱体的体积.下面我们应用第 5 章计算"平行截面面积为已知的立体的体积"的方法来计算这个曲顶柱体的体积.

在$[a,b]$上任意取定一点 x_0,过点$(x_0,0,0)$作平行于 yOz 面的平面 $x=x_0$,该平面截得曲顶柱体的截面是一个以区间$[\varphi_1(x_0),\varphi_2(x_0)]$为底边,以曲线 $z=f(x_0,y)$为曲边的曲边梯形(如图 2-4 所示),根据定积分的几何意义可知,此截面的面积为

$$A(x_0)=\int_{\varphi_1(x_0)}^{\varphi_2(x_0)}f(x_0,y)\mathrm{d}y.$$

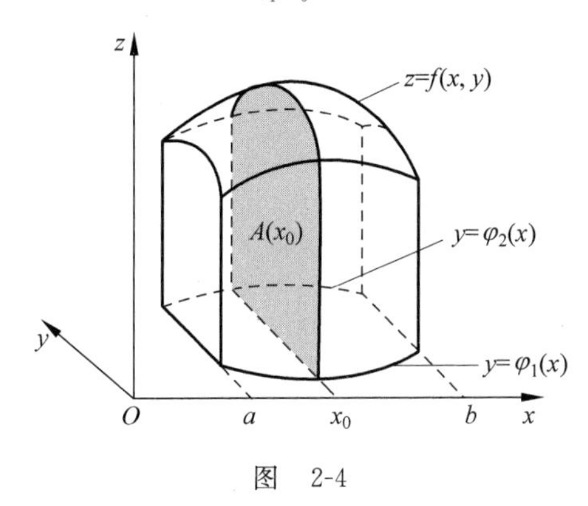

图 2-4

由 x_0 的任意性可知,在$[a,b]$上任取一点 x,过该点作平行于 yOz 面的平面,该平面截曲顶柱体所得的截面面积为

$$A(x)=\int_{\varphi_1(x)}^{\varphi_2(x)}f(x,y)\mathrm{d}y.$$

于是,应用计算"平行截面面积为已知的立体的体积"的方法,得曲顶柱体体积为

$$V=\int_a^b A(x)\mathrm{d}x=\int_a^b\left[\int_{\varphi_1(x)}^{\varphi_2(x)}f(x,y)\mathrm{d}y\right]\mathrm{d}x.$$

从而有

$$\iint_D f(x,y)\mathrm{d}\sigma = \int_a^b \left[\int_{\varphi_1(x)}^{\varphi_2(x)} f(x,y)\mathrm{d}y\right]\mathrm{d}x.$$

上式右端的积分称为先对 y 后对 x 的**二次积分**或**累次积分**(iterated integral). 这样将计算二重积分的问题转化为先对 y 后对 x 的连续两次求定积分的问题. 习惯上，常将上式记作

$$\iint_D f(x,y)\mathrm{d}\sigma = \int_a^b \mathrm{d}x\int_{\varphi_1(x)}^{\varphi_2(x)} f(x,y)\mathrm{d}y. \tag{2-1}$$

这就是把二重积分化为先对 y 后对 x 的二次积分公式.

注 (1) 虽然在讨论中，为了几何上说明的方便，假定 $f(x,y)\geqslant 0$. 实际上，公式(2-1)的成立并不受此条件的限制.

(2) 利用公式(2-1)计算二重积分时，先把 x 看作常数，即把 $f(x,y)$ 只看作 y 的函数，并对 y 计算从 $\varphi_1(x)$ 到 $\varphi_2(x)$ 的定积分；然后把算得的结果(不含 y，仅是 x 的函数)再对 x 计算从 a 到 b 的定积分.

2. 积分区域 D 为 Y-型区域

若积分区域 D 可表示为

$$D=\{(x,y)\mid c\leqslant y\leqslant d,\psi_1(y)\leqslant x\leqslant \psi_2(y)\},$$

其中函数 $\psi_1(y)$，$\psi_2(y)$ 分别在 $[c,d]$ 上连续，则称 D 为 Y-型区域(如图 2-5 所示).

Y-型区域的特点是：穿过区域 D 的内部且垂直于 y 轴的直线与区域的边界相交不多于两点.

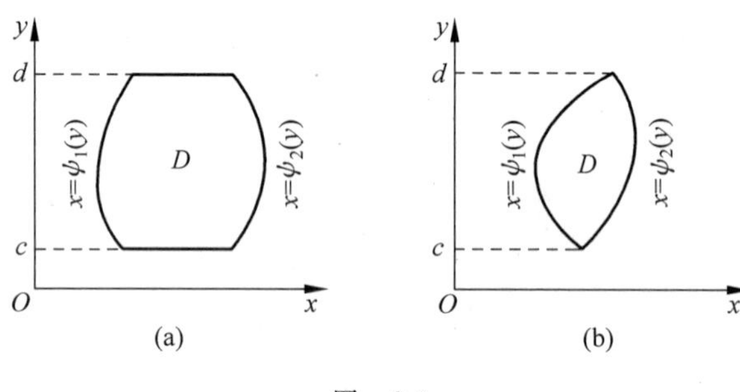

图 2-5

类似于 X-型区域上二重积分的计算方法，可得在 Y-型区域上二重积分的计算公式为

$$\iint_D f(x,y)\mathrm{d}\sigma = \int_c^d \left[\int_{\psi_1(y)}^{\psi_2(y)} f(x,y)\mathrm{d}x\right]\mathrm{d}y,$$

也常记作

$$\iint_D f(x,y)\mathrm{d}\sigma = \int_c^d \mathrm{d}y\int_{\psi_1(y)}^{\psi_2(y)} f(x,y)\mathrm{d}x, \tag{2-2}$$

这也称为先对 x 后对 y 的**二次积分**.

3. 积分区域 D 既是 X-型区域，又是 Y-型区域

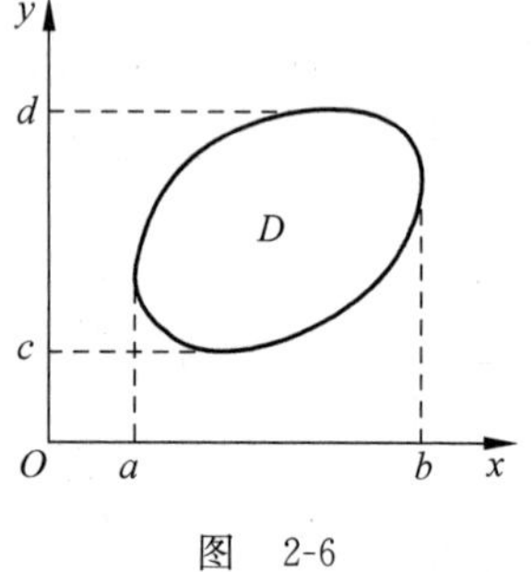

图 2-6

如果积分区域 D(如图 2-6 所示)既是 X-型区域，又是 Y-型区域，即积分区域 D 既可用不等式

$$a\leqslant x\leqslant b,\quad \varphi_1(x)\leqslant y\leqslant \varphi_2(x)$$

表示，又可用不等式

$$c \leqslant y \leqslant d,\quad \psi_1(y) \leqslant x \leqslant \psi_2(y)$$

表示,于是由公式(2-1)和公式(2-2)可得

$$\iint_D f(x,y)\mathrm{d}\sigma = \int_a^b \mathrm{d}x \int_{\varphi_1(x)}^{\varphi_2(x)} f(x,y)\mathrm{d}y = \int_c^d \mathrm{d}y \int_{\psi_1(y)}^{\psi_2(y)} f(x,y)\mathrm{d}x.$$

上式表明,将二重积分化为两种不同积分次序的二次积分,其结果相等.此时,在计算二重积分时,应本着计算简便的原则,有选择地将其化为其中一种二次积分来计算.

4. 积分区域 D 既非 X-型区域,又非 Y-型区域

当积分区域 D 既不是 X-型区域,又不是 Y-型区域时,通常用平行于坐标轴的直线将 D 分割成几部分,使每个部分是 X-型区域或是 Y-型区域,从而使每个部分的二重积分能利用公式(2-1)或公式(2-2)计算,再利用二重积分的区域可加性,将这些小区域上的二重积分值相加,可得在区域 D 上的二重积分.例如在图 2-7 中,将 D 分成三部分 $D=D_1+D_2+D_3$,且每一部分都是 X-型区域,则

$$\iint_D f(x,y)\mathrm{d}\sigma = \iint_{D_1} f(x,y)\mathrm{d}\sigma + \iint_{D_2} f(x,y)\mathrm{d}\sigma + \iint_{D_3} f(x,y)\mathrm{d}\sigma.$$

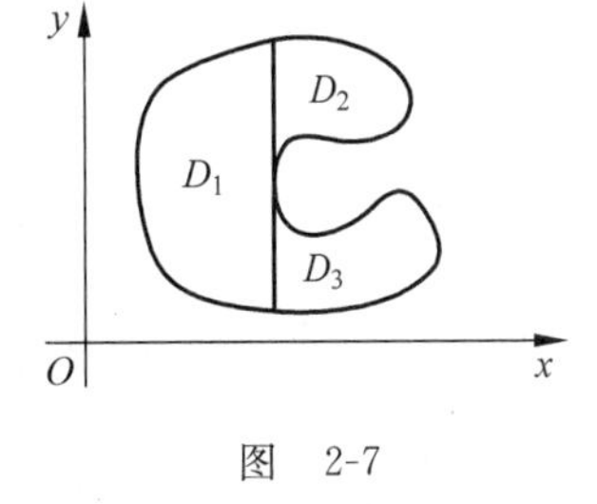

图　2-7

综上可以看出,计算二重积分的关键是将二重积分转化为二次积分(即两个定积分).而在转化的过程中,确定积分限是关键,如何确定二次积分的积分限?积分限可根据积分区域 D 的形状来确定,具体做法如下.

先画出积分区域 D 的草图,假设区域 D 为 X-型区域(如图 2-8).在区间$[a,b]$上任取一点 x,过点 x 作垂直于 x 轴的直线穿过区域 D,与区域 D 的边界有两个交点$(x,\varphi_1(x))$和$(x,\varphi_2(x))$,该线段上点的纵坐标从 $\varphi_1(x)$变到 $\varphi_2(x)$,就是对 y 积分时的下限和上限;又因 x 是在区间$[a,b]$上任意取的,所以对 x 积分时的下限和上限分别是 a 和 b.

例 1　计算二重积分$\iint\limits_D x^2 y\mathrm{d}\sigma$,其中 D 是由抛物线 $y^2=x$ 及直线 $y=x$ 围成的闭区域.

解　先画出积分区域 D 的图形(如图 2-9 所示),D 既是 X-型区域,也是 Y-型区域.

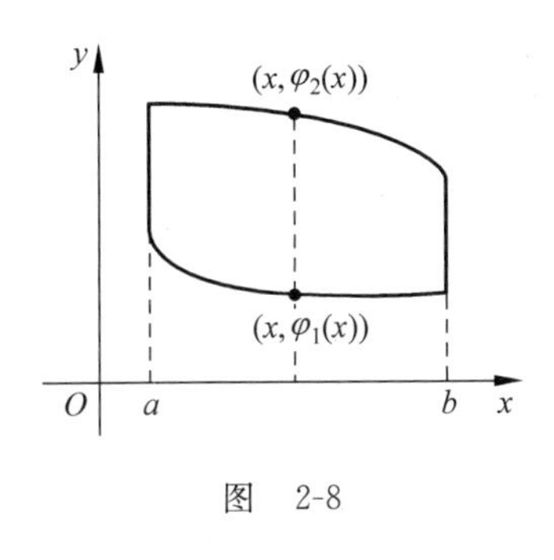

图　2-8

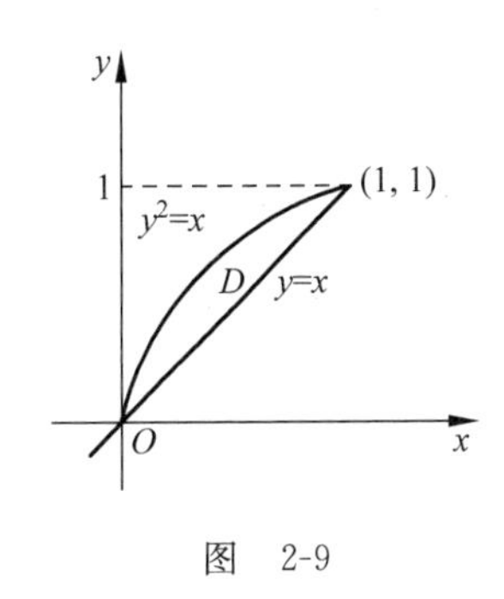

图　2-9

解法 1　如果将 D 看成 X-型区域,则 D 可表示为

$$0 \leqslant x \leqslant 1,\quad x \leqslant y \leqslant \sqrt{x},$$

于是将所求的二重积分化为先对 y 后对 x 的二次积分得

$$\iint_D x^2 y\mathrm{d}\sigma = \int_0^1 \mathrm{d}x \int_x^{\sqrt{x}} x^2 y\mathrm{d}y = \int_0^1 x^2 \frac{y^2}{2}\Bigg|_x^{\sqrt{x}} \mathrm{d}x$$

$$=\frac{1}{2}\int_0^1(x^3-x^4)\mathrm{d}x=\frac{1}{2}\left(\frac{x^4}{4}-\frac{x^5}{5}\right)\Big|_0^1=\frac{1}{40}.$$

解法 2 如果将 D 看成 Y-型区域，则 D 可表示为

$$0\leqslant y\leqslant 1,\quad y^2\leqslant x\leqslant y,$$

于是将所求的二重积分化为先对 x 后对 y 的二次积分得

$$\iint_D x^2y\mathrm{d}\sigma=\int_0^1\mathrm{d}y\int_{y^2}^{y}x^2y\mathrm{d}x=\int_0^1 y\frac{x^3}{3}\Big|_{y^2}^{y}\mathrm{d}y=\frac{1}{3}\int_0^1(y^4-y^7)\mathrm{d}y$$

$$=\frac{1}{3}\left(\frac{y^5}{5}-\frac{y^8}{8}\right)\Big|_0^1=\frac{1}{40}.$$

例 2 计算二重积分 $\iint_D\frac{x^2}{y^2}\mathrm{d}\sigma$，其中 D 是由双曲线 $xy=1$ 及直线 $y=x,x=2$ 围成的闭区域.

解 先画积分区域 D 的图形，D 既是 X-型区域，也是 Y-型区域.

解法 1 如果将 D 看成 X-型区域(如图 2-10(a)所示)，则 D 可表示为

$$1\leqslant x\leqslant 2,\quad \frac{1}{x}\leqslant y\leqslant x,$$

于是将所求的二重积分化为先对 y 后对 x 的二次积分得

$$\iint_D\frac{x^2}{y^2}\mathrm{d}\sigma=\int_1^2\mathrm{d}x\int_{\frac{1}{x}}^{x}\frac{x^2}{y^2}\mathrm{d}y=\int_1^2 x^2\left(-\frac{1}{y}\right)\Big|_{\frac{1}{x}}^{x}\mathrm{d}x=\int_1^2(x^3-x)\mathrm{d}x=\frac{9}{4}.$$

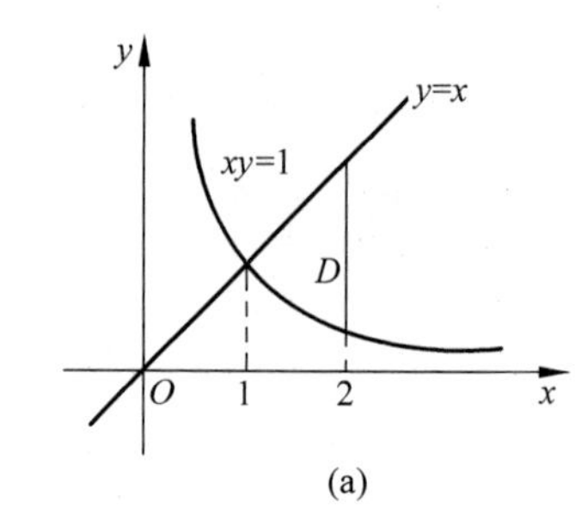

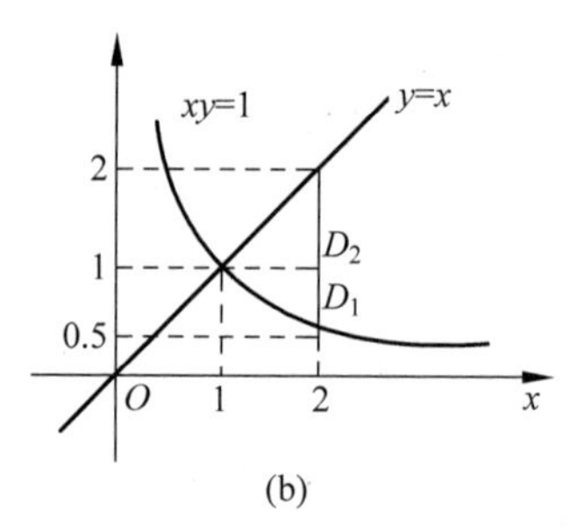

图 2-10

解法 2 如果将 D 看成 Y-型区域，由于 D 的左侧边界是由 $xy=1$ 和 $y=x$ 两条曲线组成，故 D 不能用同一组不等式表示. 为此，用直线 $y=1$ 将 D 分成 D_1 和 D_2 两部分(如图 2-10(b)所示)，其中 D_1 和 D_2 可以分别表示为

$$D_1:\frac{1}{2}\leqslant y\leqslant 1,\quad \frac{1}{y}\leqslant x\leqslant 2;\quad D_2:1\leqslant y\leqslant 2,\quad y\leqslant x\leqslant 2.$$

于是将所求的二重积分化为先对 x 后对 y 的二次积分得

$$\iint_D\frac{x^2}{y^2}\mathrm{d}\sigma=\int_{\frac{1}{2}}^{1}\mathrm{d}y\int_{\frac{1}{y}}^{2}\frac{x^2}{y^2}\mathrm{d}x+\int_1^2\mathrm{d}y\int_y^2\frac{x^2}{y^2}\mathrm{d}x=\frac{9}{4}.$$

在例 1 中，选择两种不同的积分次序分别计算二重积分，其繁简程度差不多. 而在例 2 中，计算的繁简程度差别很大，选择先对 y 后对 x 的二次积分较为简单. 因此，计算二重积分时要根据积分区域的形状适当的选择积分次序. 除此之外，还要考虑被积函数的特性.

例 3 计算$\iint\limits_D e^{y^2}\mathrm{d}x\mathrm{d}y$,其中$D$由$y=x,y=1$及$y$轴所围成.

解 先画出区域D的图形(如图 2-11 所示).将D表示成X-型区域,得

$$D: 0\leqslant x\leqslant 1,\quad x\leqslant y\leqslant 1,$$

于是

$$\iint\limits_D e^{y^2}\mathrm{d}x\mathrm{d}y=\int_0^1\mathrm{d}x\int_x^1 e^{y^2}\mathrm{d}y.$$

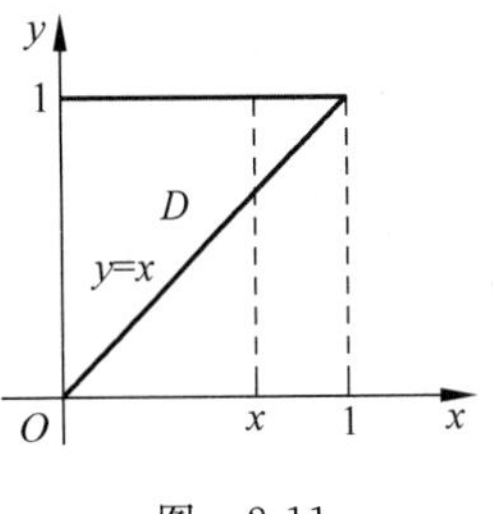

图 2-11

因为$\int e^{y^2}\mathrm{d}y$的原函数不能用初等函数表示,所以需要变换积分次序.将D表示成Y-型区域,得D: $0\leqslant y\leqslant 1,0\leqslant x\leqslant y$,于是

$$\iint\limits_D e^{y^2}\mathrm{d}x\mathrm{d}y=\int_0^1\mathrm{d}y\int_0^y e^{y^2}\mathrm{d}x=\int_0^1 e^{y^2}\cdot\left(x\Big|_0^y\right)\mathrm{d}y=\int_0^1 ye^{y^2}\mathrm{d}y=\frac{1}{2}\int_0^1 e^{y^2}\mathrm{d}(y^2)=\frac{1}{2}(\mathrm{e}-1).$$

由上面的例子可以看出,化二重积分为二次积分时,要根据积分区域D和被积函数的特点选择适当的积分次序.一般可以按照下面的原则:

(1) 对于积分区域D,应使D划分的块数尽量少.

(2) 对于被积函数,应根据其特点使第一次积分容易积出,并能为第二次积分的计算创造有利条件.特别地,当第一次积分原函数找不到时,应考虑更换积分次序.

2.2.2 交换二次积分的积分次序

从前面几个例子可以看出,在计算二重积分时,合理选择积分次序是非常重要的,如果积分次序选择不当,不但会使计算烦琐甚至计算不出结果.对于既是X-型又是Y-型的积分区域,交换二次积分的积分次序是一类常见的问题.

一般地,交换给定的二次积分的积分次序可按如下步骤进行:

(1) 对于给定的二次积分

$$\int_a^b\mathrm{d}x\int_{\varphi_1(x)}^{\varphi_2(x)}f(x,y)\mathrm{d}y,$$

先根据积分限的范围$a\leqslant x\leqslant b,\varphi_1(x)\leqslant y\leqslant\varphi_2(x)$,画出积分区域$D$;

(2) 由积分区域D的形状,按另一种积分次序确定区域D的积分限$c\leqslant y\leqslant d,\psi_1(y)\leqslant x\leqslant\psi_2(y)$;

(3) 写出结果

$$\int_a^b\mathrm{d}x\int_{\varphi_1(x)}^{\varphi_2(x)}f(x,y)\mathrm{d}y=\int_c^d\mathrm{d}y\int_{\psi_1(y)}^{\psi_2(y)}f(x,y)\mathrm{d}x.$$

例 4 交换二次积分$\int_0^1\mathrm{d}x\int_0^{1-x}f(x,y)\mathrm{d}y$的积分次序.

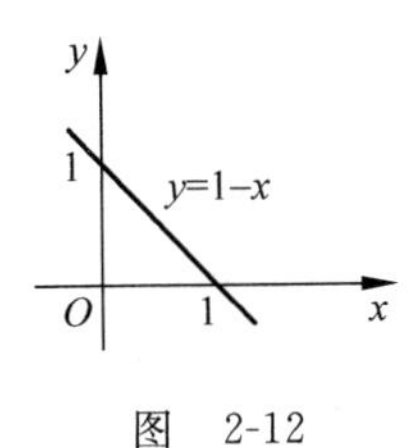

图 2-12

解 给定二次积分的积分限为$0\leqslant x\leqslant 1,0\leqslant y\leqslant 1-x$,画出积分区域$D$的图形(如图 2-12 所示),按另一种积分次序确定新的积分限为

$$0\leqslant y\leqslant 1,\quad 0\leqslant x\leqslant 1-y,$$

所以

$$\int_0^1\mathrm{d}x\int_0^{1-x}f(x,y)\mathrm{d}y=\int_0^1\mathrm{d}y\int_0^{1-y}f(x,y)\mathrm{d}x.$$

例 5 计算 $I=\int_0^1 \mathrm{d}y\int_{\sqrt{y}}^1 \mathrm{e}^{\frac{y}{x}}\mathrm{d}x$.

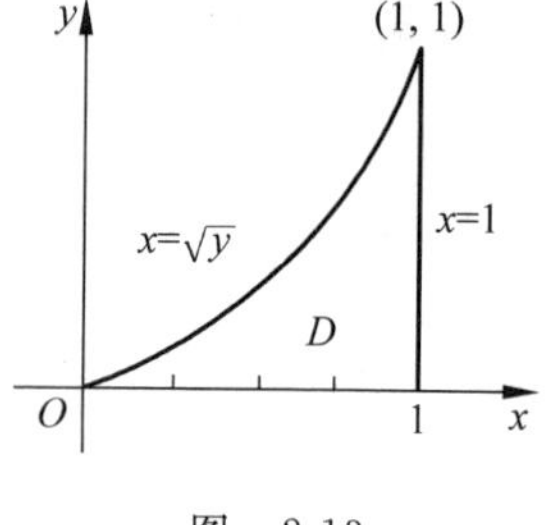

图 2-13

解 由于积分$\int \mathrm{e}^{\frac{y}{x}}\mathrm{d}x$无法直接求出，故考虑交换积分次序. 根据所给的二次积分，可知区域 D 的范围为：$0\leqslant y\leqslant 1,\sqrt{y}\leqslant x\leqslant 1$，由此可画出 D 的图形(如图 2-13 所示). 再将 D 按另一种积分次序表示为

$$0\leqslant x\leqslant 1,\quad 0\leqslant y\leqslant x^2,$$

于是

$$\begin{aligned}I&=\int_0^1\mathrm{d}x\int_0^{x^2}\mathrm{e}^{\frac{y}{x}}\mathrm{d}y=\int_0^1(x\mathrm{e}^{\frac{y}{x}})\Big|_0^{x^2}\mathrm{d}x\\&=\int_0^1(x\mathrm{e}^x-x)\mathrm{d}x=\left(x\mathrm{e}^x-\mathrm{e}^x-\frac{x^2}{2}\right)\Big|_0^1=\frac{1}{2}.\end{aligned}$$

2.2.3 利用对称性和奇偶性简化二重积分的计算

与定积分的计算相类似，利用积分区域的对称性与被积函数关于单个变量的奇偶性，可以大大简化二重积分的计算. 为应用方便，总结如下：

(1) 如果积分区域 D 关于 x 轴对称，设 $D_1=\{(x,y)\mid(x,y)\in D,y\geqslant 0\}$，则

$$\iint_D f(x,y)\mathrm{d}\sigma=\begin{cases}0, & f(x,y)\text{ 关于 }y\text{ 为奇函数},\\ 2\iint_{D_1}f(x,y)\mathrm{d}\sigma, & f(x,y)\text{ 关于 }y\text{ 为偶函数}.\end{cases}$$

(2) 如果积分区域 D 关于 y 轴对称，设 $D_2=\{(x,y)\mid(x,y)\in D,x\geqslant 0\}$，则

$$\iint_D f(x,y)\mathrm{d}\sigma=\begin{cases}0, & f(x,y)\text{ 关于 }x\text{ 为奇函数},\\ 2\iint_{D_2}f(x,y)\mathrm{d}\sigma, & f(x,y)\text{ 关于 }x\text{ 为偶函数}.\end{cases}$$

(3) 如果积分区域 D 关于坐标原点对称，设 $D_3=\{(x,y)\mid(x,y)\in D,x\geqslant 0\}$，则

$$\iint_D f(x,y)\mathrm{d}\sigma=\begin{cases}0, & f(-x,-y)=-f(x,y),\\ 2\iint_{D_3}f(x,y)\mathrm{d}\sigma, & f(-x,-y)=f(x,y).\end{cases}$$

(4) 如果积分区域 D 关于直线 $y=x$ 对称，则$\iint_D f(x,y)\mathrm{d}\sigma=\iint_D f(y,x)\mathrm{d}\sigma$.

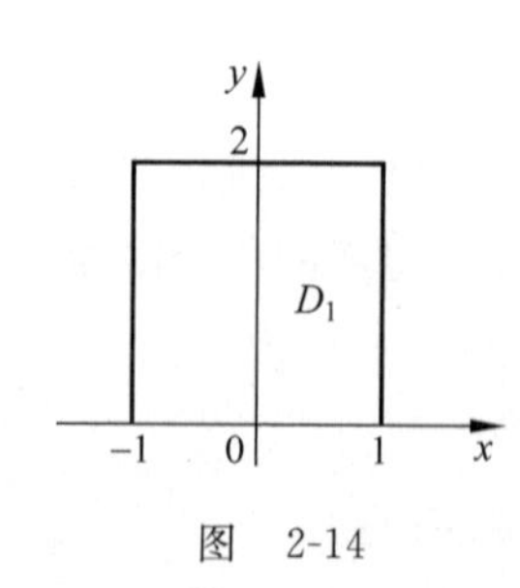

图 2-14

例 6 计算 $I=\iint_D\frac{3+x^5\sqrt{1+2y}}{1+x^2}\mathrm{d}x\mathrm{d}y$，其中 D 是由直线 $y=0,y=2,x=1,x=-1$ 围成的平面区域.

解 先画出积分区域 D 的图形(如图 2-14 所示)，易见 D 关于 y 轴对称，可考虑运用奇偶性简化运算. 由于在区域 D 上，函数$\frac{3}{1+x^2}$是关于 x 的偶函数，而函数$\frac{x^5\sqrt{1+2y}}{1+x^2}$是关于 x 的奇函数，记 D 在第一象限的部分为 D_1，利用二重积分的奇偶对称性，得

$$I=\iint_D \frac{3}{1+x^2}\mathrm{d}x\mathrm{d}y+\iint_D \frac{x^5\sqrt{1+2y}}{1+x^2}\mathrm{d}x\mathrm{d}y$$

$$=2\iint_{D_1} \frac{3}{1+x^2}\mathrm{d}x\mathrm{d}y=6\int_0^2\mathrm{d}y\int_0^1\frac{1}{1+x^2}\mathrm{d}x=6\int_0^2\frac{\pi}{4}\mathrm{d}y=3\pi.$$

例 7 求两个底圆半径都等于 R 的直交圆柱面所围成的立体的体积.

解 设两圆柱面的方程分别为 $x^2+y^2=R^2$ 及 $x^2+z^2=R^2$. 利用立体关于坐标平面的对称性，只要算出它在第Ⅰ卦限部分的体积 V_1，然后乘以 8 即可. 画出区域 D 如图 2-15 所示.

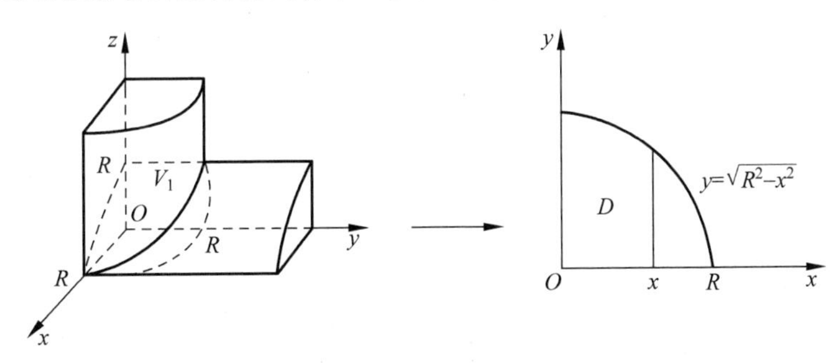

图 2-15

易见所求立体在第Ⅰ卦限部分可以看成是一个曲顶柱体，它的底为

$$D=\{(x,y)\mid 0\leqslant y\leqslant\sqrt{R^2-x^2},0\leqslant x\leqslant R\},$$

它的顶是柱面 $z=\sqrt{R^2-x^2}$. 于是

$$V_1=\iint_D\sqrt{R^2-x^2}\,\mathrm{d}\sigma=\int_0^R\left[\int_0^{\sqrt{R^2-x^2}}\sqrt{R^2-x^2}\,\mathrm{d}y\right]\mathrm{d}x$$

$$=\int_0^R\left[\sqrt{R^2-x^2}\,y\right]_0^{\sqrt{R^2-x^2}}\mathrm{d}x=\int_0^R(R^2-x^2)\mathrm{d}x=\frac{2}{3}R^3,$$

故所求体积为

$$V=8V_1=\frac{16}{3}R^3.$$

习题 2.2

1. 已知二重积分的积分区域为 D，画出图形，并把 $\iint_D f(x,y)\mathrm{d}\sigma$ 化为二次积分：

(1) D 是由 $y\geqslant x^2,y\leqslant 4-x^2$ 所围成的区域；

(2) D 是由曲线 $y^2=4x$ 与 $y=x$ 围成的区域；

(3) D 是由曲线 $x=\sqrt{2-y^2},x=y^2$ 围成的区域；

(4) D 是由 $y=1,y=2x+3,y=3-x$ 围成的区域.

2. 计算下列二重积分：

(1) $\iint_D(x^2-y^2)\mathrm{d}\sigma$，其中 D 由直线 $y=x,y=2x$ 及 $x=1$ 所围成的闭区域；

(2) $\iint\limits_D xy\mathrm{d}\sigma$，其中 D 由抛物线 $y^2=x$ 及直线 $y=x-2$ 所围成的闭区域；

(3) $\iint\limits_D \mathrm{e}^{x+y}\mathrm{d}\sigma$，其中 D 由 $|x|\leqslant 1$ 与 $|y|\leqslant 1$ 所围成的闭区域；

(4) $\iint\limits_D \cos(x+y)\mathrm{d}\sigma$，其中 D 是以 $(0,0)$，$\left(\frac{\pi}{2},\frac{\pi}{2}\right)$，$(\pi,0)$ 为顶点的三角形闭区域；

(5) $\iint\limits_D x\sin\frac{y}{x}\mathrm{d}\sigma$，其中 D 由 $y=x,x=1,y=0$ 所围成的闭区域；

(6) $\iint\limits_D \sin y^2\mathrm{d}x\mathrm{d}y$，其中 D 由 $y=x,y=1$ 及 y 轴所围成的区域；

(7) $\iint\limits_D (xy+1)\mathrm{d}x\mathrm{d}y$，其中 D 由 $4x^2+y^2\leqslant 4$ 所围成的闭区域；

(8) $\iint\limits_D (|x|+y)\mathrm{d}x\mathrm{d}y$，其中 D 由 $|x|+|y|\leqslant 1$ 所围成的区域；

(9) $\iint\limits_D y[1+xf(x^2+y^2)]\mathrm{d}x\mathrm{d}y$，其中 D 由曲线 $y=x^2$ 与 $y=1$ 所围成.

3. 交换下列二次积分的次序：

(1) $\int_0^1\mathrm{d}y\int_y^{\sqrt{y}}f(x,y)\mathrm{d}x$；

(2) $I=\int_a^b\mathrm{d}x\int_a^x f(x,y)\mathrm{d}y$；

(3) $\int_{-1}^2\mathrm{d}x\int_{x^2}^{x+2}f(x,y)\mathrm{d}y$；

(4) $\int_1^2\mathrm{d}y\int_{\frac{1}{y}}^{y^2}f(x,y)\mathrm{d}x$；

(5) $\int_0^1\mathrm{d}x\int_0^{\sqrt{2x-x^2}}f(x,y)\mathrm{d}y+\int_1^2\mathrm{d}x\int_0^{2-x}f(x,y)\mathrm{d}y$.

提高题

1. 计算下列二重积分：

(1) $\iint\limits_D |y-x^2|\mathrm{d}x\mathrm{d}y$，其中 D 是由 $-1\leqslant x\leqslant 1,0\leqslant y\leqslant 1$ 所围成的区域；

(2) $\iint\limits_D \sqrt{1-y^2}\mathrm{d}x\mathrm{d}y$，其中 D 是由 $y=\sqrt{1-x^2}$ 与 $|y|=x$ 所围成的区域；

(3) $\iint\limits_D \mathrm{e}^{\max\{x^2,y^2\}}\mathrm{d}x\mathrm{d}y$，其中 D 是由 $0\leqslant x\leqslant 1,0\leqslant y\leqslant 1$ 所围成的区域；

(4) $\iint\limits_D y[1+x\mathrm{e}^{\frac{1}{2}(x^2+y^2)}]\mathrm{d}x\mathrm{d}y$，其中 D 由直线 $y=x,y=-1,x=1$ 围成的区域.

2. 设函数 $f(x,y)$ 连续，且 $f(x,y)=x+\iint\limits_D yf(u,v)\mathrm{d}u\mathrm{d}v$，其中 D 由 $y=\frac{1}{x},x=1,y=2$ 围成，求 $f(x,y)$.

2.3 二重积分的计算(二)

描述平面上点的位置除了直角坐标外还有极坐标，在计算二重积分时，把二重积分化二次积分，有时利用直角坐标比较方便，有时利用极坐标比较方便. 当积分区域的边界曲线用极坐标方程来表示比较简单,并且被积函数在极坐标系下也有比较简单的表示形式时,可以考虑在极坐标系下计算二重积分.

2.3.1 极坐标系下二重积分的计算

设平面上同时有极坐标系和直角坐标系,分别将两个坐标系中的极点与原点重合,极轴与 x 轴正半轴重合,且两个坐标系采用相同的单位长度,则平面上任意一点的极坐标 (r,θ) 与直角坐标 (x,y) 之间的变换公式为

$$\begin{cases} x = r\cos\theta, \\ y = r\sin\theta. \end{cases}$$

下面在极坐标系下讨论二重积分的计算问题. 首先讨论二重积分 $\iint\limits_D f(x,y)\mathrm{d}\sigma$ 在极坐标系下的表示形式.

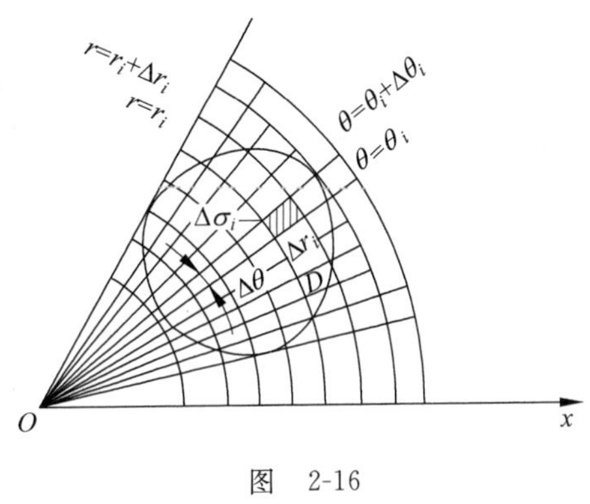

图 2-16

假设过极点的射线与积分区域 D 的边界相交不多于两点,此时我们用一组曲线网分割区域 D,即以极点为圆心的一族同心圆($r=$常数),和一组通过极点的射线($\theta=$常数),把积分区域 D 分成 n 个小闭区域(如图 2-16 所示). 考虑其中一个有代表性的小闭区域 $\Delta\sigma_i$($\Delta\sigma_i$ 也表示该小闭区域的面积),$\Delta\sigma_i$ 是由半径分别为 r_i 与 $r_i+\Delta r_i$ 的同心圆,和极角分别为 θ_i 与 $\theta_i+\Delta\theta_i$ 的射线围成的小闭区域,于是

$$\begin{aligned} \Delta\sigma_i &= \frac{1}{2}(r_i+\Delta r_i)^2\Delta\theta_i - \frac{1}{2}r_i^2\Delta\theta_i \\ &= r_i\Delta r_i\Delta\theta_i + \frac{1}{2}\Delta r_i^2\Delta\theta_i. \end{aligned}$$

当 Δr_i, $\Delta\theta_i$ 充分小,即当 $\Delta r_i\to 0$, $\Delta\theta_i\to 0$ 时,忽略其中比 $\Delta r_i\Delta\theta_i$ 更高阶的无穷小量 $\frac{1}{2}\Delta r_i^2\Delta\theta_i$,有

$$\Delta\sigma_i \approx r_i\Delta r_i\Delta\theta_i.$$

根据微元法可得极坐标下的面积微元

$$\mathrm{d}\sigma = r\mathrm{d}r\mathrm{d}\theta,$$

又由直角坐标与极坐标之间的转换关系 $x=r\cos\theta$, $y=r\sin\theta$,可得

$$f(x,y) = f(r\cos\theta, r\sin\theta),$$

于是得到在直角坐标系下和极坐标系下二重积分的转换公式为

$$\iint\limits_D f(x,y)\mathrm{d}x\mathrm{d}y = \iint\limits_D f(r\cos\theta, r\sin\theta)r\mathrm{d}r\mathrm{d}\theta.$$

类似于直角坐标系下二重积分的计算方法,在极坐标系下二重积分同样可化为二次积分来计算,下面分 3 种情况讨论.

1. 极点 O 在积分区域 D 的外部

此时积分区域 D 介于两条射线 $\theta=\alpha$ 和 $\theta=\beta$ 之间,在区域 D 的内部任取一点 (r,θ),其

极径总是介于 $r=r_1(\theta)$ 和 $r=r_2(\theta)$ 之间，所以积分区域 D(如图 2-17)可表示为

$$D:\ \alpha\leqslant\theta\leqslant\beta,\quad r_1(\theta)\leqslant r\leqslant r_2(\theta),$$

于是

$$\iint_D f(r\cos\theta,r\sin\theta)r\mathrm{d}r\mathrm{d}\theta=\int_\alpha^\beta\mathrm{d}\theta\int_{r_1(\theta)}^{r_2(\theta)}f(r\cos\theta,r\sin\theta)r\mathrm{d}r.$$

具体计算时，二次积分的下限和上限可用如下方法确定：区域 D 夹在两条射线 $\theta=\alpha$ 和 $\theta=\beta$ 之间，α 和 β 分别是变量 θ 的下限和上限；从极点 O 出发，在区间 (α,β) 上任意作一条极角为 θ 且穿透区域 D 的射线，穿入点和穿出点的极径 $r_1(\theta)$ 与 $r_2(\theta)$，分别是变量 r 的下限和上限.

2. 极点 O 在积分区域 D 的边界上

此时可看作是第一种情形中 $r_1(\theta)=0$ 的特殊情况，所以积分区域 D(如图 2-17(c)所示)可表示为

$$D:\ \alpha\leqslant\theta\leqslant\beta,\quad 0\leqslant r\leqslant r(\theta),$$

于是

$$\iint_D f(r\cos\theta,r\sin\theta)r\mathrm{d}r\mathrm{d}\theta=\int_\alpha^\beta\mathrm{d}\theta\int_0^{r(\theta)}f(r\cos\theta,r\sin\theta)r\mathrm{d}r.$$

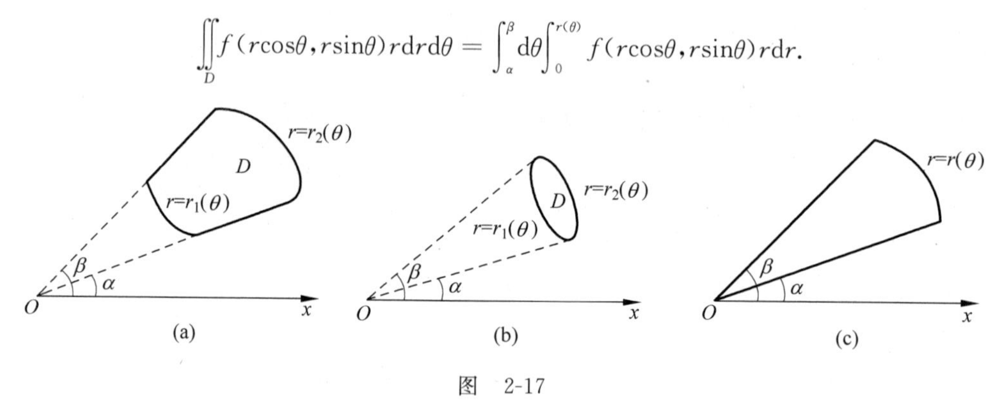

图 2-17

3. 极点 O 在积分区域 D 的内部

此时可看作是第二种情形中 $\alpha=0,\beta=2\pi$ 时的特殊情况，所以积分区域 D(如图 2-18 所示)可表示为

$$D:\ 0\leqslant\theta\leqslant 2\pi,\quad 0\leqslant r\leqslant r(\theta),$$

于是

$$\iint_D f(r\cos\theta,r\sin\theta)r\mathrm{d}r\mathrm{d}\theta=\int_0^{2\pi}\mathrm{d}\theta\int_0^{r(\theta)}f(r\cos\theta,r\sin\theta)r\mathrm{d}r.$$

注 当积分区域 D 是圆或圆的一部分，或区域 D 的边界曲线的方程用极坐标表示比较简单，或被积函数是 $f(x^2+y^2)$，$f\left(\dfrac{x}{y}\right)$，$f\left(\dfrac{y}{x}\right)$ 等类型的函数时，利用极坐标系计算二重积分比较简单.

例 1 计算二重积分 $\iint\limits_D\sin(1+x^2+y^2)\mathrm{d}x\mathrm{d}y$ 其中 D 是由 $1\leqslant x^2+y^2\leqslant 4$ 围成的闭区域.

解 积分区域 D 如图 2-19 所示，其边界曲线的极坐标方程分别为 $r=1$ 与 $r=2$，所以在极坐标下区域 D 可表示为 $0\leqslant\theta\leqslant 2\pi$，$1\leqslant r\leqslant 2$，故

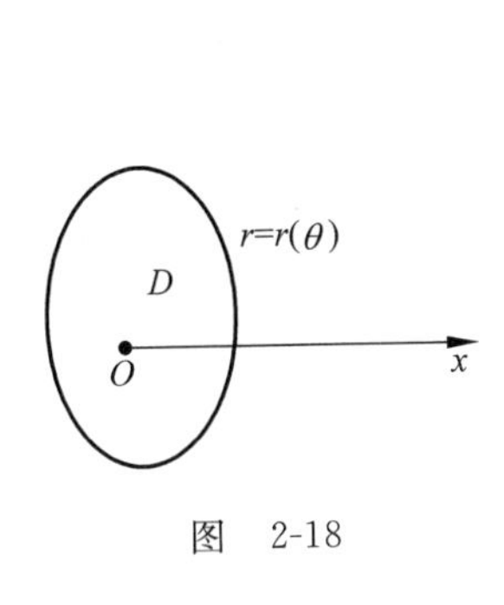

图 2-18

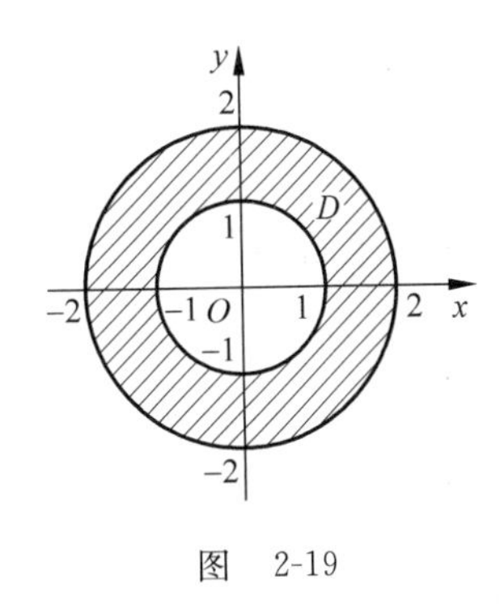

图 2-19

$$\iint\limits_D \sin(1+x^2+y^2)\,dxdy = \int_0^{2\pi}d\theta\int_1^2 \sin(1+r^2)r\,dr$$

$$= \pi\int_1^2 \sin(1+r^2)\,d(1+r^2) = -\pi\cos(1+r^2)\Big|_1^2$$

$$= \pi(\cos2-\cos5).$$

例 2 计算$\iint\limits_D \dfrac{y^2}{x^2}dxdy$,其中 D 是由曲线 $x^2+y^2=2x$ 围成的闭区域.

解 积分区域 D 是以点$(1,0)$为圆心、半径为 1 的圆,其边界曲线的极坐标方程为 $r=2\cos\theta$. 所以在极坐标下区域 D 可表示为

$$-\frac{\pi}{2}\leqslant\theta\leqslant\frac{\pi}{2},\quad 0\leqslant r\leqslant 2\cos\theta.$$

于是

$$\iint\limits_D \frac{y^2}{x^2}dxdy = \iint\limits_D \frac{r^2\sin^2\theta}{r^2\cos^2\theta}r\,drd\theta = \int_{-\frac{\pi}{2}}^{\frac{\pi}{2}}d\theta\int_0^{2\cos\theta}\frac{\sin^2\theta}{\cos^2\theta}r\,dr$$

$$= \int_{-\frac{\pi}{2}}^{\frac{\pi}{2}} 2\sin^2\theta\,d\theta = \int_{-\frac{\pi}{2}}^{\frac{\pi}{2}}(1-\cos2\theta)\,d\theta = \pi.$$

例 3 计算$\iint\limits_D e^{-(x^2+y^2)}d\sigma$,其中 D 是由圆 $x^2+y^2=R^2$ 围成的闭区域.

解 积分区域 D 是以点$(0,0)$为圆心、半径为 R 的圆,其边界曲线的极坐标方程为 $r=R$. 所以在极坐标下区域 D 可表示为

$$0\leqslant\theta\leqslant 2\pi,\quad 0\leqslant r\leqslant R,$$

于是

$$\iint\limits_D e^{-(x^2+y^2)}d\sigma = \int_0^{2\pi}d\theta\int_0^R e^{-r^2}r\,dr = 2\pi\int_0^R e^{-r^2}r\,dr$$

$$= -\pi\int_0^R e^{-r^2}d(-r^2) = -\pi e^{-r^2}\Big|_0^R = \pi(1-e^{-R^2}).$$

例 4 求概率积分 $I=\int_0^{+\infty}e^{-x^2}dx$.

解 这是一个在概率论中经常用到的反常积分,由于 e^{-x^2} 的原函数不能用初等函数表示,因此直接积分积不出来,下面利用例 3 的结论来计算.

设区域 $D_1=\{(x,y)\mid x^2+y^2\leqslant R^2, x\geqslant 0, y\geqslant 0\}$，$S=\{(x,y)\mid 0\leqslant x\leqslant R, 0\leqslant y\leqslant R\}$，$D_2=\{(x,y)\mid x^2+y^2\leqslant 2R^2, x\geqslant 0, y\geqslant 0\}$（如图 2-20 所示）.

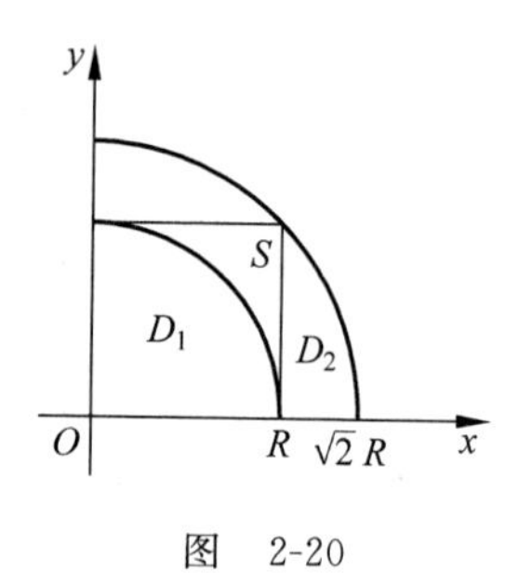

图 2-20

显然，$D_1\subset S\subset D_2$. 由于 $\mathrm{e}^{-(x^2+y^2)}>0$，则

$$\iint\limits_{D_1}\mathrm{e}^{-(x^2+y^2)}\mathrm{d}x\mathrm{d}y<\iint\limits_{S}\mathrm{e}^{-(x^2+y^2)}\mathrm{d}x\mathrm{d}y<\iint\limits_{D_2}\mathrm{e}^{-(x^2+y^2)}\mathrm{d}x\mathrm{d}y.$$

由例 3 的结果可得

$$\frac{\pi}{4}(1-\mathrm{e}^{-R^2})<\iint\limits_{S}\mathrm{e}^{-(x^2+y^2)}\mathrm{d}x\mathrm{d}y<\frac{\pi}{4}(1-\mathrm{e}^{-2R^2}).$$

然而

$$\iint\limits_{S}\mathrm{e}^{-(x^2+y^2)}\mathrm{d}x\mathrm{d}y=\int_0^R\mathrm{e}^{-x^2}\mathrm{d}x\int_0^R\mathrm{e}^{-y^2}\mathrm{d}y=\left(\int_0^R\mathrm{e}^{-x^2}\mathrm{d}x\right)\left(\int_0^R\mathrm{e}^{-y^2}\mathrm{d}y\right)=\left(\int_0^R\mathrm{e}^{-x^2}\mathrm{d}x\right)^2,$$

又由于

$$\lim_{R\to+\infty}\frac{\pi}{4}(1-\mathrm{e}^{-R^2})=\frac{\pi}{4},\quad \lim_{R\to+\infty}\frac{\pi}{4}(1-\mathrm{e}^{-2R^2})=\frac{\pi}{4}.$$

利用夹逼定理，得

$$\left(\int_0^{+\infty}\mathrm{e}^{-x^2}\mathrm{d}x\right)^2=\frac{\pi}{4},$$

故所求概率积分

$$I=\int_0^{+\infty}\mathrm{e}^{-x^2}\mathrm{d}x=\frac{\sqrt{\pi}}{2}.$$

例 5 求球体 $x^2+y^2+z^2\leqslant 4a^2$ 被圆柱面 $x^2+y^2=2ax(a>0)$ 所截得的（含在圆柱面内的部分）立体的体积.

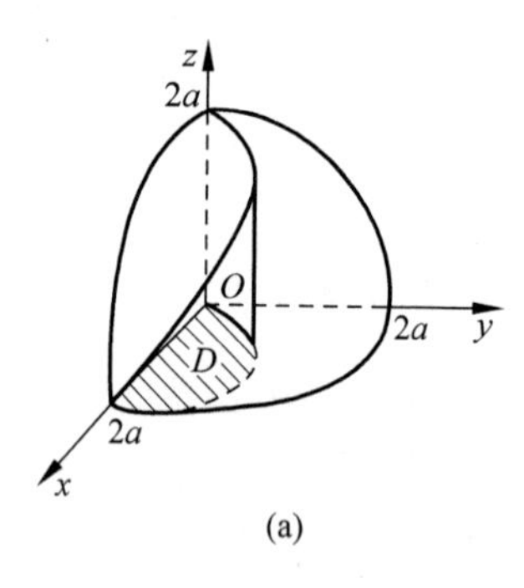

(a)

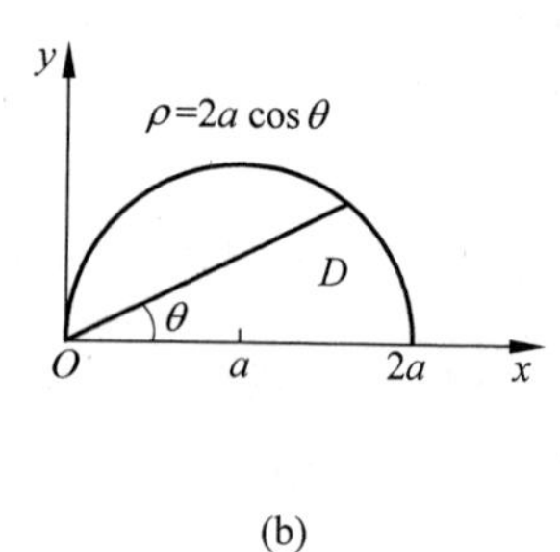

(b)

图 2-21

解 所截的立体在第Ⅰ卦限的部分如图 2-21(a)所示，由对称性，有

$$V=4\iint\limits_{D}\sqrt{4a^2-x^2-y^2}\,\mathrm{d}x\mathrm{d}y,$$

其中 D 为半圆周 $y=\sqrt{2ax-x^2}$ 及 x 轴所围成的闭区域（如图 2-21(b)所示）. 在极坐标系下区域 D 可表示为

$$0\leqslant\theta\leqslant\frac{\pi}{2},\quad 0\leqslant r\leqslant 2a\cos\theta,$$

于是

$$V=4\iint\limits_{D}\sqrt{4a^2-r^2}\,r\mathrm{d}r\mathrm{d}\theta=4\int_0^{\frac{\pi}{2}}\mathrm{d}\theta\int_0^{2a\cos\theta}\sqrt{4a^2-r^2}\,r\mathrm{d}r$$

$$=\frac{32}{3}a^3\int_0^{\frac{\pi}{2}}(1-\sin^3\theta)\mathrm{d}\theta=\frac{32}{3}a^3\left(\frac{\pi}{2}-\frac{2}{3}\right).$$

*2.3.2 二重积分的换元法

在一元函数定积分的计算中,换元积分法是一种十分有效的方法.在二重积分的计算中,同样可以通过变量代换,使某些二重积分的计算变得更简单、更容易.如上面的极坐标变换 $x=r\cos\theta, y=r\sin\theta$,就是二重积分换元法的一种特殊形式.在实际中,有时还需要对二重积分作其他的变量代换来化简计算.下面我们不加证明地给出作一般变量代换时二重积分的计算公式.

定理 1 设 $f(x,y)$在 xOy 平面上的有界闭区域 D 上连续,在二重积分$\iint\limits_{D}f(x,y)\mathrm{d}x\mathrm{d}y$中作变量替换

$$x=x(u,v),\quad y=y(u,v).$$

如果此变换满足下面 3 个条件:

(1) 它把 uOv 平面上的闭区域 D'一对一地变到 xOy 平面上的闭区域 D;

(2) 函数 $x=x(u,v), y=(u,v)$在 D'上具有一阶连续偏导数;

(3) 雅克比行列式

$$J(u,v)=\frac{\partial(x,y)}{\partial(u,v)}=\begin{vmatrix}\dfrac{\partial x}{\partial u} & \dfrac{\partial x}{\partial v}\\ \dfrac{\partial y}{\partial u} & \dfrac{\partial y}{\partial v}\end{vmatrix}\neq 0,$$

则有

$$\iint\limits_{D}f(x,y)\mathrm{d}x\mathrm{d}y=\iint\limits_{D'}f[x(u,v),y(u,v)]\,|J(u,v)|\,\mathrm{d}u\mathrm{d}v,\tag{2-3}$$

此公式称为**二重积分的换元公式.**

注 如果雅可比行列式只在 D'内个别点处,或一条曲线上为零,而在其他点上均不为零,那么换元公式(2-3)依然成立.

由二重积分的换元公式(2-3),不难得到极坐标下的二重积分的计算公式.因为在极坐标变换 $x=r\cos\theta, y=r\sin\theta$ 下,其雅可比行列式为

$$J(r,\theta)=\frac{\partial(x,y)}{\partial(r,\theta)}=\begin{vmatrix}\dfrac{\partial x}{\partial r} & \dfrac{\partial x}{\partial \theta}\\ \dfrac{\partial y}{\partial r} & \dfrac{\partial y}{\partial \theta}\end{vmatrix}=\begin{vmatrix}\cos\theta & -r\sin\theta\\ \sin\theta & r\cos\theta\end{vmatrix}=r,$$

将其代入公式(2-3)可得

$$\iint\limits_{D}f(x,y)\mathrm{d}x\mathrm{d}y=\iint\limits_{D'}f(r\cos\theta,r\sin\theta)r\mathrm{d}r\mathrm{d}\theta.$$

因此,极坐标下的二重积分的计算公式是二重积分换元公式的一种特殊形式.

例 6 计算$\iint\limits_D xy\,\mathrm{d}\sigma$，其中$D$是由曲线$xy=1$，$xy=2$，$y=x$，$y=4x(x>0,y>0)$围成的闭区域.

解 由图2-22可见，如果利用直角坐标直接计算这个积分，须将积分区域D分成三个部分区域来计算，比较复杂.为了简化计算，可采用下列变换：$u=xy$，$v=\dfrac{y}{x}$.在此变换下，积分区域D的边界曲线变成了$u=1$，$u=2$，$v=1$，$v=4$，新的积分域为

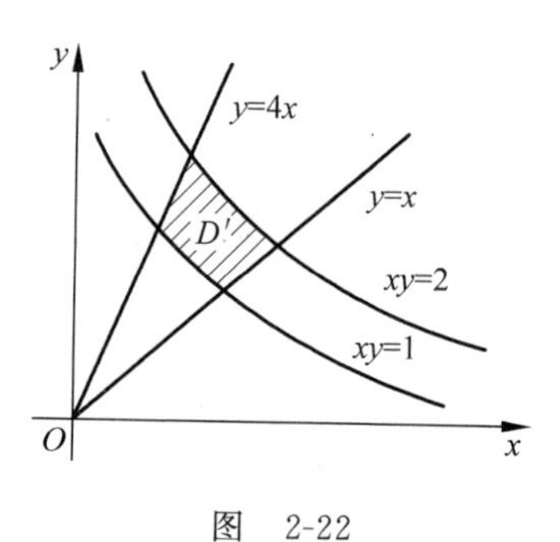

图 2-22

$$D'=\{(u,v)\mid 1\leqslant u\leqslant 2, 1\leqslant v\leqslant 4\},$$

其雅可比行列式

$$\frac{\partial(x,y)}{\partial(u,v)}=\frac{1}{\dfrac{\partial(u,v)}{\partial(x,y)}}=\frac{1}{\begin{vmatrix} y & x \\ -\dfrac{y}{x^2} & \dfrac{1}{x}\end{vmatrix}}=\frac{x}{2y}=\frac{1}{2v},$$

进而，由换元公式有

$$\iint\limits_D xy\,\mathrm{d}\sigma=\iint\limits_{D'} u\cdot\frac{1}{2v}\mathrm{d}u\mathrm{d}v=\frac{1}{2}\int_1^4\frac{1}{v}\mathrm{d}v\int_1^2 u\,\mathrm{d}u=\frac{3}{2}\ln 2.$$

例 7 计算$\iint\limits_D\sqrt{1-\dfrac{x^2}{a^2}-\dfrac{y^2}{b^2}}\,\mathrm{d}\sigma$，其中$D$为椭圆$\dfrac{x^2}{a^2}+\dfrac{y^2}{b^2}=1$所围成的闭区域.

解 做广义极坐标变换

$$\begin{cases} x=ar\cos\theta, \\ y=br\sin\theta. \end{cases}$$

此变换将xOy面中的积分区域D变为极坐标平面中的区域D'：$0\leqslant r\leqslant 1$，$0\leqslant\theta\leqslant 2\pi$，其雅可比行列式

$$J=\frac{\partial(x,y)}{\partial(r,\theta)}=abr.$$

J在D'内仅在$r=0$处为零，因此换元公式(2-3)仍成立，从而有

$$\iint\limits_D\sqrt{1-\frac{x^2}{a^2}-\frac{y^2}{b^2}}\,\mathrm{d}\sigma=\iint\limits_{D'}\sqrt{1-r^2}\cdot abr\,\mathrm{d}r\mathrm{d}\theta=\frac{2}{3}\pi ab.$$

注 $\iint\limits_D\sqrt{1-\dfrac{x^2}{a^2}-\dfrac{y^2}{b^2}}\,\mathrm{d}\sigma$在几何上表示椭球体$\dfrac{x^2}{a^2}+\dfrac{y^2}{b^2}+z^2=1$上半部分的体积.

习题 2.3

1. 把下列积分化为极坐标形式的二次积分：

(1) $\int_0^2\mathrm{d}x\int_0^x f(\sqrt{x^2+y^2})\mathrm{d}y$；　　(2) $\int_0^a\mathrm{d}x\int_x^{\sqrt{2ax-x^2}} f(x,y)\mathrm{d}y$.

2. 画出下列积分区域 D，并把二重积分 $\iint\limits_D f(x,y)\mathrm{d}\sigma$ 化为极坐标系中的二次积分：

(1) D：$x^2+y^2\leqslant 2x$；　　(2) D：$y=\sqrt{R^2-x^2}$，$y=\pm x$.

3. 画出下列二重积分的积分区域 D，并计算积分值：

(1) $\iint\limits_D \sqrt{x^2+y^2}\mathrm{d}\sigma$，其中 D 是由 $a^2\leqslant x^2+y^2\leqslant b^2(0<a<b)$ 所确定的区域；

(2) $\iint\limits_D \ln(1+x^2+y^2)\mathrm{d}\sigma$，其中 D 是由 $x^2+y^2\leqslant R^2$，$x\geqslant 0$，$y\geqslant 0$ 围成的区域；

(3) $\iint\limits_D \arctan\dfrac{y}{x}\mathrm{d}\sigma$，其中 D 是由 $1\leqslant x^2+y^2\leqslant 4$，$y\geqslant 0$，$y\leqslant x$ 围成的区域；

(4) $\iint\limits_D \sin\sqrt{x^2+y^2}\mathrm{d}\sigma$，其中 D 是由 $x^2+y^2\leqslant 1$ 围成的区域；

(5) $\iint\limits_D \dfrac{x+y}{x^2+y^2}\mathrm{d}\sigma$，其中 D 是由 $x^2+y^2\leqslant 1$，$x+y\geqslant 1$ 围成的区域；

(6) $\iint\limits_D xy\mathrm{d}\sigma$，其中 D 是由 $x^2+y^2\leqslant 2x$，$x^2+y^2\geqslant 1$，$y\geqslant 0$ 围成的区域.

提高题

1. 计算 $\iint\limits_D |x^2+y^2-2|\mathrm{d}x\mathrm{d}y$，其中 D 是由 $x^2+y^2\leqslant 3$ 围成的区域.

2. 计算 $\iint\limits_D \mathrm{e}^{-(x^2+y^2-\pi)}\sin(x^2+y^2)\mathrm{d}x\mathrm{d}y$，其中 D 是由 $x^2+y^2\leqslant\pi$ 围成的区域.

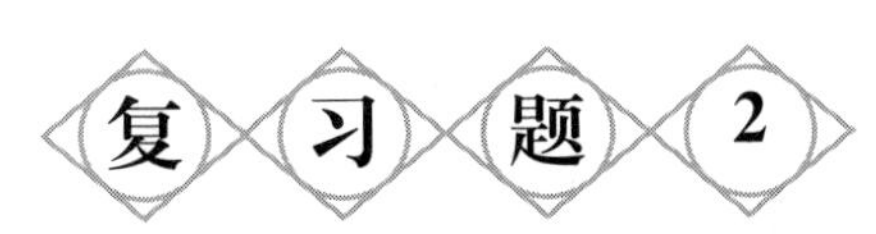

1. 填空题

(1) 二重积分 $\iint\limits_{|x|+|y|\leqslant 1}\ln(x^2+y^2)\mathrm{d}x\mathrm{d}y$ 的符号为________.

(2) 设区域 D 为 $0\leqslant x\leqslant 1$，$0\leqslant y\leqslant 1$，则 $\iint\limits_D(x+y)\mathrm{d}\sigma$ 的取值范围是________.

(3) 依二重积分的几何意义 $\iint\limits_{x^2+y^2\leqslant a^2} xy\mathrm{d}x\mathrm{d}y=$ ________.

(4) $\int_0^2\mathrm{d}x\int_x^2\mathrm{e}^{-y}\mathrm{d}y=$ ________.

(5) D：$1\leqslant x^2+y^2\leqslant 2^2$，$f$ 是 D 上的连续函数，将二重积分写成极坐标下的二次积分有 $\iint\limits_D f(\sqrt{x^2+y^2})\mathrm{d}x\mathrm{d}y=$ ________.

2. 选择题

(1) 二次积分 $\int_0^2\mathrm{d}x\int_0^{x^2}f(x,y)\mathrm{d}y$ 写成另一种次序的积分是(　　).

A. $\int_0^4 dy\int_{\sqrt{y}}^2 f(x,y)dx$　　B. $\int_0^4 dy\int_0^{\sqrt{y}} f(x,y)dx$

C. $\int_0^4 dy\int_{x^2}^2 f(x,y)dx$　　D. $\int_0^4 dy\int_2^{\sqrt{y}} f(x,y)dx$

(2) 设平面区域 D 由 $x=0,y=0,x+y=\frac{1}{4},x+y=1$ 围成，若 $I_1=\iint\limits_D[\ln(x+y)]^3 dxdy$，$I_2=\iint\limits_D(x+y)^3 dxdy,I_3=\iint\limits_D[\sin(x+y)]^3 dxdy$，则 I_1,I_2,I_3 的大小顺序为(　　).

A. $I_1<I_2<I_3$　　B. $I_3<I_2<I_1$

C. $I_1<I_3<I_2$　　D. $I_3<I_1<I_2$

(3) 设平面区域 $D=\{(x,y)\mid -a\leqslant x\leqslant a,x\leqslant y\leqslant a\},D_1=\{(x,y)\mid 0\leqslant x\leqslant a,x\leqslant y\leqslant a\}$，则 $\iint\limits_D(xy+\cos x\cdot\sin y)d\sigma=$ (　　).

A. $2\iint\limits_{D_1}xy dxdy$　　B. $2\iint\limits_{D_1}\cos x\cdot\sin y dxdy$

C. $4\iint\limits_{D_1}(xy+\cos x\cdot\sin y)dxdy$　　D. 0

(4) $\iint\limits_{D:x^2+y^2\leqslant 1} f(x,y)d\sigma=4\int_0^1 dx\int_0^{\sqrt{1-x^2}} f(x,y)dy$ 在(　　)情况下成立.

A. $f(-x,y)=-f(x,y),f(x,-y)=-f(x,y)$

B. $f(-x,y)=f(x,y),f(x,-y)=-f(x,y)$

C. $f(-x,y)=-f(x,y),f(x,-y)=f(x,y)$

D. $f(-x,y)=f(x,y),f(x,-y)=f(x,y)$

3. 改变下列二次积分的积分次序：

(1) $\int_0^1 dy\int_0^{y^2} f(x,y)dx$；

(2) $\int_0^1 dx\int_0^{x^2} f(x,y)dy+\int_1^3 dx\int_0^{\frac{3-x}{2}} f(x,y)dy$.

4. 计算下列二重积分：

(1) $\iint\limits_D x^2y^2 dxdy$，其中区域 $D:|x|+|y|\leqslant 1$；

(2) $\iint\limits_D dxdy$，其中区域 D 由曲线 $y=1-x^2$ 与 $y=x^2-1$ 围成；

(3) $\iint\limits_D xy^2 d\sigma$，其中 D 是由圆周 $x^2+y^2=4$ 及 y 轴所围成的右半闭区域.

5. 证明 $\int_0^1 dx\int_0^x f(y)dy=\int_0^1(1-x)f(x)dx$.

6. 计算 $\iint\limits_D\frac{d\sigma}{\sqrt{x^2+y^2}}$，其中 D 是圆环域 $1\leqslant x^2+y^2\leqslant 4$.

7. 计算二重积分 $\iint\limits_D\sqrt{x^2+y^2}dxdy$，其中 D：$x^2+y^2\leqslant 2x$.

1. 填空题

(1) 设 D：$0\leqslant x\leqslant\pi,0\leqslant y\leqslant\pi$，估计二重积分 $I=\iint\limits_{D}\sin^2 x\cdot\sin^2 y\mathrm{d}\sigma$ 的范围________.

(2) 交换积分 $\int_1^2\mathrm{d}y\int_0^{2-y}f(x,y)\mathrm{d}x$ 的积分次序得________.

(3) 设 D：$|x|\leqslant\pi,|y|\leqslant 1$，则 $\iint\limits_{D}(x-\sin y)\mathrm{d}\sigma$ 等于________.

(4) 设 $D=\{(x,y)\mid 1\leqslant x^2+y^2\leqslant \mathrm{e}^2\}$，将二重积分写成极坐标下的二次积分有 $\iint\limits_{D}\ln(x^2+y^2)^{\frac{1}{2}}\mathrm{d}\sigma=$ ________.

(5) $f(u)$ 连续且严格单调递减，比较 $I_1=\iint\limits_{x^2+y^2\leqslant 1}f\left(\dfrac{1}{1+\sqrt{x^2+y^2}}\right)\mathrm{d}\sigma$ 与 $I_2=\iint\limits_{x^2+y^2\leqslant 1}f\left(\dfrac{1}{1+\sqrt[3]{x^2+y^2}}\right)\mathrm{d}\sigma$ 的大小，则有 I_1 ________ I_2.

2. 改变下列二次积分的积分次序：

(1) $\int_1^{\mathrm{e}}\mathrm{d}x\int_0^{\ln x}f(x,y)\mathrm{d}y$；　　(2) $\int_{\frac{1}{2}}^1\mathrm{d}x\int_{\frac{1}{x}}^2 f(x,y)\mathrm{d}y+\int_1^2\mathrm{d}x\int_x^2 f(x,y)\mathrm{d}y$.

3. 求下列二重积分：

(1) $\iint\limits_{D}\dfrac{y}{x}\mathrm{d}x\mathrm{d}y$，其中 D 是由 $y=2x,y=x,x=2,x=4$ 所围成的平面区域；

(2) $\iint\limits_{D}(3x+2y)\mathrm{d}\sigma$，其中 D 是由两坐标轴及直线 $x+y=2$ 所围成的闭区域；

(3) $\iint\limits_{D}|x^2+y^2-4|\mathrm{d}\sigma$，其中 D：$x^2+y^2\leqslant 9$；

(4) $\int_0^1\mathrm{d}x\int_0^{\sqrt{x}}\mathrm{e}^{-\frac{y^2}{2}}\mathrm{d}y$.

4. 设 $f(x)$ 在区间 $[0,1]$ 上连续，证明 $\int_0^1\mathrm{d}y\int_0^{\sqrt{y}}\mathrm{e}^y f(x)\mathrm{d}x=\int_0^1(\mathrm{e}-\mathrm{e}^{x^2})f(x)\mathrm{d}x$.

5. 计算 $\iint\limits_{D}\sin\sqrt{x^2+y^2}\mathrm{d}\sigma$，其中 D：$\pi\leqslant x^2+y^2\leqslant 4\pi^2$.

无穷级数

Infinite Series

无穷级数主要研究无穷多个数量或函数相加的问题，它本质上是一种特殊数列的极限，因而也是表示函数、研究函数性质和进行数值计算的一个重要的数学工具，无穷级数在自然科学及工程技术中有着重要而广泛的应用. 本章首先讨论常数项级数及其敛散性问题；然后讨论幂级数的收敛域和函数以及函数的幂级数的展开等问题.

3.1 常数项级数的概念和性质

3.1.1 常数项级数的概念

在生活中我们常常会遇到无穷多个数相加的情形. 例如，我国战国时期的著名哲学家和思想家庄子在《庄子·天下篇》中提出的“一尺之棰，日取其半，万事不竭”，意思是说，一尺长的木杖，第一天截去它的一半即$\frac{1}{2}$，第二天截去它的一半的一半即$\frac{1}{4}$，……这样继续下去，千秋万代也截不完. 这样每天截去的木杖的长度分别为

$$\frac{1}{2},\frac{1}{2^2},\cdots,\frac{1}{2^n},\cdots, \tag{3-1}$$

是一个等比数列，截去的木杖的总长度为

$$\frac{1}{2}+\frac{1}{2^2}+\cdots+\frac{1}{2^n}+\cdots.$$

这是一个无穷多个数相加的问题. 一般情况下，计算这个和可采用数列(3-1)的前 n 项和

$$s_n=\frac{1}{2}+\frac{1}{2^2}+\cdots+\frac{1}{2^n}=\frac{\frac{1}{2}-\frac{1}{2^{n+1}}}{1-\frac{1}{2}}=1-\frac{1}{2^n}$$

取天数 $n\to\infty$时的极限来计算，即

$$\frac{1}{2}+\frac{1}{2^2}+\cdots+\frac{1}{2^n}+\cdots=\lim_{n\to\infty}\left(\frac{1}{2}+\frac{1}{2^2}+\cdots+\frac{1}{2^n}\right)=\lim_{n\to\infty}\left(1-\frac{1}{2^n}\right)=1.$$

在理论和实际应用中，类似这样的问题还有很多，它们都涉及无穷多个数量或函数相加的问题. 为此，我们引入无穷级数的概念.

定义 1 给定数列 $u_1,u_2,\cdots,u_n,\cdots$，称表达式

$$u_1+u_2+\cdots+u_n+\cdots$$

为**无穷级数**，简称为**级数**，记为 $\sum_{n=1}^{\infty}u_n$，即

$$\sum_{n=1}^{\infty}u_n=u_1+u_2+\cdots+u_n+\cdots \tag{3-2}$$

其中 u_n 称为该级数的**通项**或**一般项**(general term).

若级数(3-2)中的每一项 u_n 都为常数，则称该级数为**常数项级数**(series with constant terms)；若级数(3-2)中的每一项 $u_n=u_n(x)$ 是关于 x 的函数，则称 $\sum_{n=1}^{\infty}u_n(x)$ 为**函数项级数**.

级数(3-2)中的前 n 项之**和**(sum)

$$u_1+u_2+\cdots+u_n$$

称为级数(3-2)的**部分和**，记为 s_n，即

$$s_n=u_1+u_2+\cdots+u_n=\sum_{k=1}^{n}u_k. \tag{3-3}$$

由式(3-3)可知

$$s_1=u_1,\quad s_2=u_1+u_2,\quad s_3=u_1+u_2+u_3,\quad \cdots$$

当 n 依次取 $1,2,3,\cdots$ 时，级数的部分和 s_n 构成的数列 $\{s_n\}$ 称为级数(3-2)的**部分和数列**.

我们注意到，在研究前面截杖问题的实例中，求得截去木杖的总长为无穷个数量相加的"和"且等于1，而这个"和"是从有限项部分和 s_n 出发，取 $n\to\infty$ 时的极限推出的. 那么，是不是所有的无穷级数都有一个"和"表示它？为此，我们引入了级数收敛和发散的概念.

定义 2 如果级数 $\sum_{n=1}^{\infty}u_n$ 的部分和数列 $\{s_n\}$ 的极限存在，且等于 s，即

$$\lim_{n\to\infty}s_n=s,$$

则称级数 $\sum_{n=1}^{\infty}u_n$ **收敛**(convergence)，并称极限值 s 为此**级数的和**. 记为

$$\sum_{n=1}^{\infty}u_n=u_1+u_2+\cdots+u_n+\cdots=s,$$

这时也称该级数收敛于 s. 若部分和数列 $\{s_n\}$ 的极限不存在，则称级数 $\sum_{n=1}^{\infty}u_n$ **发散**(**divergence**).

例 1 判别无穷级数 $\frac{1}{1\times2}+\frac{1}{2\times3}+\cdots+\frac{1}{n(n+1)}+\cdots$ 的敛散性.

解 可根据一般项的特点，将其拆成两项之差后，通过求部分和数列的极限来判别.

因为 $u_n=\frac{1}{n(n+1)}=\frac{1}{n}-\frac{1}{n+1}$，因此

$$s_n=u_1+u_2+\cdots+u_n=\left(\frac{1}{1}-\frac{1}{2}\right)+\left(\frac{1}{2}-\frac{1}{3}\right)+\cdots+\left(\frac{1}{n}-\frac{1}{n+1}\right)=1-\frac{1}{n+1},$$

从而

$$\lim_{n\to\infty}s_n=\lim_{n\to\infty}\left(1-\frac{1}{n+1}\right)=1,$$

所以该级数收敛，且 $\sum\limits_{n=1}^{\infty}\frac{1}{n(n+1)}=1$.

例 2 无穷级数

$$\sum_{n=0}^{\infty}aq^n=a+aq+\cdots+aq^n+\cdots\quad(a\neq 0)$$

称为等比级数(或几何级数)，q 称为该级数的公比，试讨论该级数的敛散性.

解 该级数的前 n 项部分和为

$$s_n=a+aq+\cdots+aq^{n-1}=\frac{a-aq^n}{1-q},\quad q\neq 1.$$

(1) 当$|q|<1$时，有

$$\lim_{n\to\infty}s_n=\lim_{n\to\infty}a\cdot\frac{1-q^n}{1-q}=\frac{a}{1-q}.$$

由定义 2 知，该等比级数收敛，其和 $s=\frac{a}{1-q}$；

(2) 当$|q|>1$时，有

$$\lim_{n\to\infty}s_n=\lim_{n\to\infty}a\cdot\frac{1-q^n}{1-q}=\infty.$$

所以该等比级数发散；

(3) 当 $q=1$ 时，$s_n=na$，则$\lim\limits_{n\to\infty}s_n=\lim\limits_{n\to\infty}na=\infty$，所以该等比级数发散；

(4) 当 $q=-1$ 时，$s_n=a-a+a-\cdots+(-1)^{n+1}a=\begin{cases}0, & n\text{ 为偶数},\\ a, & n\text{ 为奇数},\end{cases}$ 所以部分和数列$\{s_n\}$的极限不存在，故该等比级数发散.

综上可知，等比级数 $\sum\limits_{n=0}^{\infty}aq^n$，当公比$|q|<1$时收敛于$\frac{a}{1-q}$，当公比$|q|\geqslant 1$时发散.

例 3 证明调和级数 $\sum\limits_{n=1}^{\infty}\frac{1}{n}=1+\frac{1}{2}+\frac{1}{3}+\cdots+\frac{1}{n}+\cdots$ 发散.

证明 假设调和级数收敛到 s，则有

$$\lim_{n\to\infty}s_n=s,\quad \lim_{n\to\infty}s_{2n}=s.$$

而

$$s_{2n}-s_n=\frac{1}{n+1}+\frac{1}{n+2}+\cdots+\frac{1}{2n}\geqslant\underbrace{\frac{1}{2n}+\frac{1}{2n}+\cdots+\frac{1}{2n}}_{n\text{个}}=\frac{1}{2}$$

这与$\lim\limits_{n\to\infty}(s_{2n}-s_n)=0$ 矛盾，故假设不成立，所以级数 $\sum\limits_{n=1}^{\infty}\frac{1}{n}$ 发散.

3.1.2 级数的基本性质

根据级数收敛和发散的定义，可以得出级数以下几个基本性质.

性质 1 设 k 为非零常数，则级数 $\sum\limits_{n=1}^{\infty}ku_n$ 与 $\sum\limits_{n=1}^{\infty}u_n$ 具有相同的敛散性，即同时收敛或同时发散，并且当级数 $\sum\limits_{n=1}^{\infty}u_n$ 收敛时，有

$$\sum_{n=1}^{\infty} ku_n = k\sum_{n=1}^{\infty} u_n.$$

证明 设级数 $\sum\limits_{n=1}^{\infty} u_n$ 与 $\sum\limits_{n=1}^{\infty} ku_n$ 的部分和分别为 s_n 和 t_n，则

$$t_n = ku_1 + ku_2 + \cdots + ku_n = ks_n.$$

于是，由数列极限的性质可知，极限 $\lim\limits_{n\to\infty} t_n$ 与 $\lim\limits_{n\to\infty} s_n$ 同时存在或同时不存在，即级数 $\sum\limits_{n=1}^{\infty} ku_n$ 与 $\sum\limits_{n=1}^{\infty} u_n$ 同时收敛或同时发散，且在收敛时 $\lim\limits_{n\to\infty} t_n = k\lim\limits_{n\to\infty} s_n$，即 $\sum\limits_{n=1}^{\infty} ku_n = k\sum\limits_{n=1}^{\infty} u_n$.

性质 2 若级数 $\sum\limits_{n=1}^{\infty} u_n$ 与 $\sum\limits_{n=1}^{\infty} v_n$ 都收敛，则级数 $\sum\limits_{n=1}^{\infty}(u_n \pm v_n)$ 也收敛，且

$$\sum_{n=1}^{\infty}(u_n \pm v_n) = \sum_{n=1}^{\infty} u_n \pm \sum_{n=1}^{\infty} v_n.$$

证明 设级数 $\sum\limits_{n=1}^{\infty}(u_n \pm v_n)$，$\sum\limits_{n=1}^{\infty} u_n$ 与 $\sum\limits_{n=1}^{\infty} v_n$ 的部分和分别为 w_n，s_n 和 t_n，则

$$w_n = (u_1 \pm v_1) + (u_2 \pm v_2) + \cdots + (u_n \pm v_n) = \sum_{k=1}^{n} u_k \pm \sum_{k=1}^{n} v_k = s_n \pm t_n,$$

由级数 $\sum\limits_{n=1}^{\infty} u_n$ 与 $\sum\limits_{n=1}^{\infty} v_n$ 都收敛可知，它们的部分和数列的极限都存在，不妨分别设为 s 和 t，于是

$$\lim_{n\to\infty} w_n = \lim_{n\to\infty}(s_n \pm t_n) = s \pm t,$$

即有 $\sum\limits_{n=1}^{\infty}(u_n \pm v_n) = \sum\limits_{n=1}^{\infty} u_n \pm \sum\limits_{n=1}^{\infty} v_n$.

注 (1) 由性质 1 和性质 2 可得，对于收敛级数 $\sum\limits_{n=1}^{\infty} u_n$ 与 $\sum\limits_{n=1}^{\infty} v_n$，以及任意常数 a 与 b，级数 $\sum\limits_{n=1}^{\infty}(au_n + bv_n)$ 也收敛，且 $\sum\limits_{n=1}^{\infty}(au_n + bv_n) = a\sum\limits_{n=1}^{\infty} u_n + b\sum\limits_{n=1}^{\infty} v_n$.

例如，由前面的例 1 和例 2 可知，级数

$$\sum_{n=1}^{\infty}\left(\frac{2}{n(n+1)} + \frac{5}{3^n}\right) = 2\sum_{n=1}^{\infty}\frac{1}{n(n+1)} + 5\sum_{n=1}^{\infty}\frac{1}{3^n} = 2 + 5\cdot\frac{\frac{1}{3}}{1-\frac{1}{3}} = \frac{9}{2}.$$

(2) 若级数 $\sum\limits_{n=1}^{\infty} u_n$ 收敛，而级数 $\sum\limits_{n=1}^{\infty} v_n$ 发散，则必有级数 $\sum\limits_{n=1}^{\infty}(u_n \pm v_n)$ 发散.

否则，若级数 $\sum\limits_{n=1}^{\infty}(u_n \pm v_n)$ 收敛，又由级数 $\sum\limits_{n=1}^{\infty} u_n$ 收敛，据性质 2 可得，级数

$$\sum_{n=1}^{\infty}[(u_n \pm v_n) - u_n] = \pm\sum_{n=1}^{\infty} v_n$$

也收敛，与已知矛盾.

(3) 但若级数 $\sum\limits_{n=1}^{\infty} u_n$ 与 $\sum\limits_{n=1}^{\infty} v_n$ 都发散，级数 $\sum\limits_{n=1}^{\infty}(u_n \pm v_n)$ 可能收敛也可能发散.

性质 3 级数去掉、增加或改变有限项，不改变级数的敛散性.

此性质是显然的，因为一个级数收敛主要取决于 n 充分大以后的变化情况，而与前面的有限项无关，但有限项的变动，收敛级数的和将有所变动.

例如，级数 $\sum\limits_{n=1}^{\infty}\dfrac{1}{n+2}=\dfrac{1}{3}+\dfrac{1}{4}+\cdots+\dfrac{1}{n}+\cdots$，相当于由调和级数 $\sum\limits_{n=1}^{\infty}\dfrac{1}{n}$ 去掉前有限项之后得到的，由性质3可知，该级数是发散的.

性质4 收敛级数加括号后所成的新级数仍收敛，且其和不变. 反之不然.

这是因为，如果对级数 $\sum\limits_{n=1}^{\infty}u_n$ 不改变项的次序，只将级数的一些项加括号，例如，将相邻两项加括号所得级数

$$(u_1+u_2)+(u_3+u_4)+\cdots+(u_{2n-1}+u_{2n})+\cdots$$

其部分和数列实际上是原级数部分和数列 $\{s_n\}$ 的子数列 $\{s_{2n}\}$，因而当级数 $\sum\limits_{n=1}^{\infty}u_n$ 收敛时，其部分和数列 $\{s_n\}$ 必收敛，其子数列 $\{s_{2n}\}$ 也必然收敛，且有相同的极限 s，即级数的和不变，由此可理解性质4是正确的，这里不再给出具体的证明.

注 加括号后所成的级数收敛，不能推出原级数收敛. 例如，级数

$$(1-1)+(1-1)+\cdots+(1-1)+\cdots$$

收敛，其和为零，但去掉括号后级数

$$1-1+1-1+\cdots+1-1+\cdots$$

却发散.

性质5(级数收敛的必要条件) 如果级数 $\sum\limits_{n=1}^{\infty}u_n$ 收敛，则 $\lim\limits_{n\to\infty}u_n=0$.

证明 由于级数 $\sum\limits_{n=1}^{\infty}u_n$ 收敛，不妨设其和为 s，即

$$\lim_{n\to\infty}s_n=\lim_{n\to\infty}s_{n-1}=s,$$

则

$$\lim_{n\to\infty}u_n=\lim_{n\to\infty}(s_n-s_{n-1})=0.$$

注 (1) $\lim\limits_{n\to\infty}u_n=0$ 仅是级数收敛的必要条件而非充分条件. 例如，调和级数 $\sum\limits_{n=1}^{\infty}\dfrac{1}{n}$ 中的 $u_n=\dfrac{1}{n}$ 满足 $\lim\limits_{n\to\infty}u_n=\lim\limits_{n\to\infty}\dfrac{1}{n}=0$，但该级数是发散的(见例3).

(2) 从级数收敛的必要条件可知：若 $\lim\limits_{n\to\infty}u_n\neq 0$，则级数 $\sum\limits_{n=1}^{\infty}u_n$ 发散. 可以利用这个结论判定级数是否发散. 例如，级数

$$\sum_{n=1}^{\infty}n=1+2+\cdots+n+\cdots,$$

因为 $\lim\limits_{n\to\infty}u_n=\lim\limits_{n\to\infty}n=\infty\neq 0$，所以该级数是发散的.

例4 判别级数 $\sum\limits_{n=1}^{\infty}\left(1+\dfrac{1}{n}\right)^n$ 的敛散性.

证明 由于 $\lim\limits_{n\to\infty}\left(1+\dfrac{1}{n}\right)^n=\mathrm{e}$，所以该级数发散.

习题 3.1

1. 写出下列级数的前五项：

(1) $\sum_{n=1}^{\infty}\frac{1}{n+2}$；　　(2) $\sum_{n=1}^{\infty}(-1)^{n-1}\frac{1}{3^n}$；

(3) $\sum_{n=1}^{\infty}\frac{1+n}{n^2}$；　　(4) $\sum_{n=1}^{\infty}\cos\frac{n\pi}{n+1}$.

2. 写出下列级数的一般项：

(1) $1+\frac{1}{3}+\frac{1}{5}+\frac{1}{7}+\cdots$；　　(2) $\frac{a^2}{2}-\frac{a^3}{4}+\frac{a^4}{6}-\frac{a^5}{8}+\cdots$；

(3) $x+\frac{x^2}{2}+\frac{x^3}{3}+\frac{x^4}{4}+\cdots$；　　(4) $\frac{1}{1\times2\times3}+\frac{1}{2\times3\times4}+\frac{1}{3\times4\times5}+\cdots$.

3. 利用无穷级数收敛与发散的定义，判别下列级数的敛散性：

(1) $\sum_{n=1}^{\infty}\frac{1}{(2n-1)(2n+1)}$；　　(2) $\sum_{n=1}^{\infty}\frac{1}{(5n-4)(5n+1)}$；

(3) $\sum_{n=1}^{\infty}[\ln(n+1)-\ln n]$；　　(4) $\sum_{n=1}^{\infty}(\sqrt{n+1}-\sqrt{n})$.

4. 利用无穷级数的性质，以及等比级数和调和级数的敛散性，判别下列级数的敛散性：

(1) $\frac{3}{2}+\frac{3^2}{2^2}+\cdots+\frac{3^n}{2^n}+\cdots$；　　(2) $\frac{7}{8}-\frac{7^2}{8^2}+\frac{7^3}{8^3}-\cdots+(-1)^{n+1}\frac{7^n}{8^n}+\cdots$；

(3) $\frac{1}{4}+\frac{1}{8}+\cdots+\frac{1}{4n}+\cdots$；　　(4) $\frac{1}{5}+\frac{1}{6}+\cdots+\frac{1}{n}+\cdots$；

(5) $\left(\frac{1}{5}-\frac{1}{6}\right)+\left(\frac{1}{5^2}-\frac{1}{6^2}\right)+\cdots+\left(\frac{1}{5^n}-\frac{1}{6^n}\right)+\cdots$；

(6) $\frac{1}{7}+\frac{1}{\sqrt{7}}+\cdots+\frac{1}{\sqrt[n]{7}}+\cdots$；　　(7) $1+2+\cdots+n+\cdots$.

提高题

1. 判别下列级数的敛散性：

(1) $1+4+\frac{1}{2}+\sum_{n=1}^{\infty}\frac{5}{3^n}$；

(2) $\left(\frac{1}{2}+\frac{1}{10}\right)+\left(\frac{1}{2^n}+\frac{1}{2\times10}\right)+\cdots+\left(\frac{1}{2^n}+\frac{1}{10n}\right)+\cdots$；

(3) $\sum_{n=1}^{\infty}\frac{1}{\left(1+\frac{1}{n}\right)^n}$.

2. 求级数 $\sum_{n=1}^{\infty}\left(\frac{1}{2^n}+\frac{3}{n(n+1)}\right)$ 的和.

3. 判断下列命题是否正确，并说明理由.

(1) 若级数 $\sum_{n=1}^{\infty}u_n$，$\sum_{n=1}^{\infty}v_n$ 都发散，则级数 $\sum_{n=1}^{\infty}\frac{u_n}{v_n}$ 一定发散；

(2) 若级数 $\sum_{n=1}^{\infty} u_n$ 收敛,则级数 $\sum_{n=1}^{\infty} \frac{a}{u_n}$($a$ 为非零常数)发散.

3.2 正项级数敛散性的判别

正项级数是级数中比较简单但却非常重要的级数,许多级数的敛散性问题都可归结为正项级数的敛散性问题.本节介绍几个常用的判别正项级数敛散性的方法.

定义 1 如果级数 $\sum_{n=1}^{\infty} u_n$ 各项都是非负的,即 $u_n \geqslant 0 (n=1,2,\cdots)$,则称级数 $\sum_{n=1}^{\infty} u_n$ 为**正项级数**(series of positive terms).

定理 1 正项级数 $\sum_{n=1}^{\infty} u_n$ 收敛的充要条件是部分和数列 $\{s_n\}$ 有界.

证明 由于 $u_n \geqslant 0 (n=1,2,\cdots)$,故有

$$s_1 \leqslant s_2 \leqslant \cdots \leqslant s_n \leqslant \cdots,$$

即部分和数列 $\{s_n\}$ 单调递增.于是,若数列 $\{s_n\}$ 有界,根据"单调有界数列必有极限",可知极限 $\lim\limits_{n\to\infty} s_n$ 存在,则级数 $\sum_{n=1}^{\infty} u_n$ 收敛,充分性得证.下面证必要性.

因为部分和数列 $\{s_n\}$ 单调递增,显然有下界.假设数列 $\{s_n\}$ 无上界,则 $\lim\limits_{n\to\infty} s_n = +\infty$,从而级数 $\sum_{n=1}^{\infty} u_n$ 发散,这与已知级数 $\sum_{n=1}^{\infty} u_n$ 收敛矛盾.所以数列 $\{s_n\}$ 有界,充分性得证.

利用定理 1 可以得到如下一种非常有效的判别正项级数收敛或发散的方法,即比较判别法.

定理 2(比较判别法) 设 $\sum_{n=1}^{\infty} u_n$ 与 $\sum_{n=1}^{\infty} v_n$ 均为正项级数,若存在正整数 N,使当 $n \geqslant N$ 时,不等式 $u_n \leqslant v_n$ 成立,则有:

(1) 若级数 $\sum_{n=1}^{\infty} v_n$ 收敛,则级数 $\sum_{n=1}^{\infty} u_n$ 也收敛;

(2) 若级数 $\sum_{n=1}^{\infty} u_n$ 发散,则级数 $\sum_{n=1}^{\infty} v_n$ 也发散.

证明 根据性质 3,改变级数前面的有限项并不改变级数的敛散性.因此,不妨设 $\forall n \in \mathbb{Z}^+$,有 $u_n \leqslant v_n$.

设级数 $\sum_{n=1}^{\infty} u_n$ 与 $\sum_{n=1}^{\infty} v_n$ 的前 n 项部分和分别为 s_n 和 t_n,由上述不等式,有

$$s_n = u_1 + u_2 + \cdots + u_n \leqslant v_1 + v_2 + \cdots + v_n = t_n.$$

(1) 若级数 $\sum_{n=1}^{\infty} v_n$ 收敛,根据定理 1,数列 $\{t_n\}$ 有上界,从而数列 $\{s_n\}$ 也有上界,再根据定理 1,级数 $\sum_{n=1}^{\infty} u_n$ 也收敛.

(2) 若级数 $\sum_{n=1}^{\infty} u_n$ 发散,根据定理 1,数列 $\{s_n\}$ 无上界,从而数列 $\{t_n\}$ 也无上界,根据定理

1，级数 $\sum\limits_{n=1}^{\infty} v_n$ 发散.

例 1 讨论 p-级数 $\sum\limits_{n=1}^{\infty} \frac{1}{n^p} = 1 + \frac{1}{2^p} + \cdots + \frac{1}{n^p} + \cdots$ 的收敛性，其中 $p>0$.

解 由于当 $p=1$ 时，该级数为调和级数，是发散的，所以将级数按 $p>1$ 和 $p\leqslant 1$ 两种情况讨论.

(1) 当 $p\leqslant 1$ 时，由于$\frac{1}{n^p}\geqslant\frac{1}{n}$，而调和级数 $\sum\limits_{n=1}^{\infty} \frac{1}{n}$ 发散，根据比较判别法可知，此时 p-级数 $\sum\limits_{n=1}^{\infty} \frac{1}{n^p}$ 发散.

(2) 当 $p>1$ 时，由于对任意的 $x>0$，$\exists\, n\in \mathbb{Z}^+$，使得 $n-1\leqslant x<n$，于是有 $\frac{1}{n^p}<\frac{1}{x^p}$，则对于 $\forall\, n\geqslant 2$，有

$$\frac{1}{n^p} = \int_{n-1}^{n} \frac{\mathrm{d}x}{n^p} \leqslant \int_{n-1}^{n} \frac{\mathrm{d}x}{x^p},$$

从而 p-级数的部分和

$$\begin{aligned} s_n &= 1 + \frac{1}{2^p} + \frac{1}{3^p} + \cdots + \frac{1}{n^p} \leqslant 1 + \int_1^2 \frac{\mathrm{d}x}{x^p} + \int_2^3 \frac{\mathrm{d}x}{x^p} + \cdots + \int_{n-1}^{n} \frac{\mathrm{d}x}{x^p} = 1 + \int_1^n \frac{\mathrm{d}x}{x^p} \\ &= 1 + \left[\frac{1}{1-p}\frac{1}{x^{p-1}}\right]_1^n = 1 + \frac{1}{p-1}\left(1 - \frac{1}{n^{p-1}}\right) < 1 + \frac{1}{p-1}. \end{aligned}$$

可见部分和数列$\{s_n\}$有上界，由定理 1 可知，此时 p-级数收敛.

综上可知，p-级数 $\sum\limits_{n=1}^{\infty} \frac{1}{n^p}$，当 $p\leqslant 1$ 时发散，当 $p>1$ 时收敛.

例 2 判别下列级数的敛散性：

(1) $\sum\limits_{n=1}^{\infty} \frac{1}{n\sqrt{n+1}}$；　　(2) $\sum\limits_{n=1}^{\infty} \frac{1}{\sqrt{n^2+1}}$.

解 (1) 由于

$$\frac{1}{n\sqrt{n+1}} < \frac{1}{n\sqrt{n}} = \frac{1}{n^{\frac{3}{2}}},$$

已知 p-级数 $\sum\limits_{n=1}^{\infty} \frac{1}{n^{\frac{3}{2}}}\left(p=\frac{3}{2}>1\right)$收敛，由比较判别法知，原级数收敛.

(2) 由于

$$\frac{1}{\sqrt{n^2+1}} > \frac{1}{\sqrt{n^2+2n+1}} = \frac{1}{n+1},$$

而级数 $\sum\limits_{n=1}^{\infty} \frac{1}{n+1}$ 发散，由比较判别法知，级数$\sum\limits_{n=1}^{\infty} \frac{1}{\sqrt{n^2+1}}$ 发散.

在判别正项级数的敛散性时，什么时候需要加强不等式？什么时候需要减弱不等式？由例 2 可见，当判断级数收敛时，需要加强不等式；当判断级数发散时，需要减弱不等式.

推论(比较判别法的极限形式) 设正项级数 $\sum\limits_{n=1}^{\infty} u_n$ 与 $\sum\limits_{n=1}^{\infty} v_n\,(v_n\neq 0)$ 满足 $\lim\limits_{n\to\infty}\frac{u_n}{v_n} = l$，则：

(1) 当 $0<l<+\infty$ 时，$\sum\limits_{n=1}^{\infty}u_n$ 与 $\sum\limits_{n=1}^{\infty}v_n$ 同时收敛或同时发散；

(2) 当 $l=0$ 时，若 $\sum\limits_{n=1}^{\infty}v_n$ 收敛，则 $\sum\limits_{n=1}^{\infty}u_n$ 也收敛；

(3) 当 $l=+\infty$ 时，若 $\sum\limits_{n=1}^{\infty}v_n$ 发散，则 $\sum\limits_{n=1}^{\infty}u_n$ 也发散.

证明 (1) 因为 $\lim\limits_{n\to\infty}\frac{u_n}{v_n}=l$，则对给定的 $\varepsilon=\frac{l}{2}>0$，存在 $N>0$，当 $n>N$ 时，有

$$\left|\frac{u_n}{v_n}-l\right|<\varepsilon=\frac{l}{2},\quad 即\quad \frac{l}{2}v_n<u_n<\frac{3l}{2}v_n.$$

由比较判别法可知，$\sum\limits_{n=1}^{\infty}u_n$ 与 $\sum\limits_{n=1}^{\infty}v_n$ 同时收敛或同时发散.

类似地，可证明结论(2)和结论(3).

例 3 判别下列级数的敛散性：

(1) $\sum\limits_{n=1}^{\infty}\left(1-\cos\frac{1}{\sqrt{n}}\right)$；　　(2) $\sum\limits_{n=1}^{\infty}\ln\left(1+\frac{1}{n^2}\right)$.

解 (1) 因为 $n\to\infty$ 时

$$1-\cos\frac{1}{\sqrt{n}}\sim\frac{1}{2n},$$

所以

$$\lim_{n\to\infty}\frac{1-\cos\frac{1}{\sqrt{n}}}{\frac{1}{2n}}=1.$$

而级数 $\sum\limits_{n=1}^{\infty}\frac{1}{2n}$ 发散，所以原级数发散.

(2) 因为 $n\to\infty$ 时

$$\ln\left(1+\frac{1}{n^2}\right)\sim\frac{1}{n^2},$$

所以

$$\lim_{n\to\infty}\frac{\ln\left(1+\frac{1}{n^2}\right)}{\frac{1}{n^2}}=1,$$

而级数 $\sum\limits_{n=1}^{\infty}\frac{1}{n^2}$ 收敛，所以级数 $\sum\limits_{n=1}^{\infty}\ln\left(1+\frac{1}{n^2}\right)$ 也收敛.

比较判别法及其极限形式都需要找到一个已知敛散性的级数 $\sum\limits_{n=1}^{\infty}v_n$ 作为比较对象，在前面的例题中，我们已经得到了 p-级数、调和级数和等比级数的敛散性，通常将其选为比较对象，但在很多情况下，比较对象比较难找. 下面介绍两个判别法，即比值判别法(达朗贝尔判别法)和根值判别法(柯西判别法)，利用级数自身的特点，就可判别出级数的敛散性.

定理3(比值判别法) 设 $\sum_{n=1}^{\infty} u_n$ 为正项级数,且

$$\lim_{n\to\infty}\frac{u_{n+1}}{u_n}=\rho,$$

则:

(1) 当 $\rho<1$ 时,级数收敛;

(2) 当 $\rho>1$(包括 $\rho=+\infty$)时,级数发散.

证明 (1) 由于 $\lim\limits_{n\to\infty}\frac{u_{n+1}}{u_n}=\rho<1$,因此总可找到适当小的正数 $\varepsilon_0>0$,使得 $\rho+\varepsilon_0=q<1$. 根据极限的定义,存在正整数 N,当 $n>N$ 时,有

$$\left|\frac{u_{n+1}}{u_n}-\rho\right|<\varepsilon_0,$$

于是

$$\frac{u_{n+1}}{u_n}<\rho+\varepsilon_0=q.$$

所以,当 $n>N$ 时,有

$$u_{n+1}<qu_n<q^2u_{n-1}<\cdots<q^{n-N}u_{N+1}.$$

而 $\sum_{n=N}^{\infty} q^{n-N}u_{N+1}$ 是公比为 $q(0<q<1)$ 的等比级数,故收敛,所以由比较判别法可知,级数 $\sum_{n=1}^{\infty} u_n$ 收敛.

(2) 由于 $\lim\limits_{n\to\infty}\frac{u_{n+1}}{u_n}=\rho>1$,可取适当小的正数 $\varepsilon_0>0$,使得 $\rho-\varepsilon_0>1$. 由极限的定义,存在正整数 N,当 $n>N$ 时,有

$$\left|\frac{u_{n+1}}{u_n}-\rho\right|<\varepsilon_0,$$

于是

$$\frac{u_{n+1}}{u_n}>\rho-\varepsilon_0>1,$$

即正项级数 $\sum_{n=1}^{\infty} u_n$ 的一般项 u_n 是逐渐增大的,从而 $\lim\limits_{n\to\infty}u_n\neq 0$,由级数收敛的必要条件可知,级数 $\sum_{n=1}^{\infty} u_n$ 发散. 类似地,可证明当 $\rho=+\infty$ 时,级数也发散.

注 当 $\rho=1$ 时,正项级数 $\sum_{n=1}^{\infty} u_n$ 可能收敛,也可能发散.

例如 p-级数 $\sum_{n=1}^{\infty}\frac{1}{n^p}$,对于任意 $p>0$,总有

$$\lim_{n\to\infty}\frac{u_{n+1}}{u_n}=\lim_{n\to\infty}\frac{\frac{1}{(n+1)^p}}{\frac{1}{n^p}}=1,$$

但当 $p>1$ 时,p-级数收敛; $p\leqslant 1$ 时,p-级数发散. 因此,当 $\rho=1$ 时,不能断定级数的敛散性.

例4 证明正项级数 $\sum_{n=1}^{\infty} n^2 \sin\frac{\pi}{2^n}$ 收敛.

证明 因为

$$\lim_{n\to\infty}\frac{u_{n+1}}{u_n}=\lim_{n\to\infty}\frac{(n+1)^2\sin\frac{\pi}{2^{n+1}}}{n^2\sin\frac{\pi}{2^n}}=\frac{1}{2}<1,$$

所以由比值判别法知,原级数收敛.

例5 判别级数 $\sum_{n=1}^{\infty}\frac{4^n}{n!}$ 的敛散性,并求$\lim\limits_{n\to\infty}\frac{4^n}{n!}$.

解 由于

$$\lim_{n\to\infty}\frac{u_{n+1}}{u_n}=\lim_{n\to\infty}\frac{4^{n+1}}{(n+1)!}\frac{n!}{4^n}=\lim_{n\to\infty}\frac{4}{n+1}=0<1,$$

所以由比值判别法知,级数 $\sum_{n=1}^{\infty}\frac{4^n}{n!}$ 收敛,进而$\lim\limits_{n\to\infty}\frac{4^n}{n!}=0$.

定理4(根值判别法) 设 $\sum_{n=1}^{\infty}u_n$ 为正项级数,且

$$\lim_{n\to\infty}\sqrt[n]{u_n}=\rho,$$

则:

(1) 当 $\rho<1$ 时,级数收敛;

(2) 当 $\rho>1$(包括 $\rho=+\infty$)时,级数发散.

证明 (1) 由于$\lim\limits_{n\to\infty}\sqrt[n]{u_n}=\rho<1$,因此对 $\varepsilon_0=\frac{1-\rho}{2}$,必有正整数 N 存在,当 $n>N$ 时,有

$$|\sqrt[n]{u_n}-\rho|<\varepsilon_0=\frac{1-\rho}{2},$$

于是

$$\sqrt[n]{u_n}<\rho+\varepsilon_0=\frac{1+\rho}{2}<1.$$

所以,当 $n>N$ 时,有

$$u_n<\left(\frac{1+\rho}{2}\right)^n.$$

注意到 $\sum_{n=N+1}^{\infty}\left(\frac{1+\rho}{2}\right)^n$ 是收敛的等比级数,所以由比较判别法可知,级数 $\sum_{n=1}^{\infty}u_n$ 收敛.

(2) 由于$\lim\limits_{n\to\infty}\sqrt[n]{u_n}=\rho>1$, 则存在正整数 N,当 $n>N$ 时,有

$$|\sqrt[n]{u_n}-\rho|<\frac{\rho-1}{2},$$

于是

$$\sqrt[n]{u_n}>\frac{\rho+1}{2}>1.$$

这表明$\lim\limits_{n\to\infty}u_n\neq0$,因此,由级数收敛的必要条件可知,正项级数 $\sum_{n=1}^{\infty}u_n$ 发散.

注 类似于比值判别法,当 $\rho=1$ 时,级数可能收敛,也可能发散.

例 6　判别下列正项级数的敛散性:

(1) $\sum\limits_{n=1}^{\infty}\left(\dfrac{3n}{2n+1}\right)^n$;　　(2) $\sum\limits_{n=1}^{\infty}\dfrac{1}{n^n}$.

解　(1) 由于

$$\lim_{n\to\infty}\sqrt[n]{u_n}=\lim_{n\to\infty}\frac{3n}{2n+1}=\frac{3}{2}>1,$$

所以由根值判别法知,级数 $\sum\limits_{n=1}^{\infty}\left(\dfrac{3n}{2n+1}\right)^n$ 发散.

(2) 由于

$$\lim_{n\to\infty}\sqrt[n]{u_n}=\lim_{n\to\infty}\frac{1}{n}=0<1,$$

所以由根值判别法知,原级数收敛.

综上,在判别正项级数敛散性时,可根据正项级数一般项的特点,适当的选择判别法,下面将一般规律总结如下:

(1) 当一般项通过适当的放大或缩小,可化为形如$\dfrac{1}{n^p}$的形式,常用比较判别法;当一般项含有可等价代换的函数时,常用比较判别法的极限形式.

(2) 当一般项含有"某个数的 n 次方"或含有带"!"的项,常用比值判别法.

(3) 当一般项含有或可化为形如"$(f(n))^n$"的形式,常用根值判别法.

习题 3.2

1. 用比较法或比较法的极限形式,判别下列级数的敛散性:

(1) $1+\dfrac{1}{3}+\dfrac{1}{5}+\dfrac{1}{7}+\cdots$;　　(2) $\dfrac{1}{1\times2}+\dfrac{1}{2\times3}+\dfrac{1}{3\times4}+\cdots$;

(3) $1+\dfrac{1+2}{1+2^2}+\dfrac{1+3}{1+3^2}+\cdots$;　　(4) $\sum\limits_{n=1}^{\infty}\sqrt{\dfrac{n}{n+1}}$;

(5) $\sum\limits_{n=1}^{\infty}\dfrac{n+1}{n^2+5n+2}$;　　(6) $\sum\limits_{n=1}^{\infty}\dfrac{2n+1}{(n+1)^2(n+2)^2}$;

(7) $\sum\limits_{n=1}^{\infty}\dfrac{1}{n}\sin\dfrac{1}{n}$;　　(8) $\sum\limits_{n=1}^{\infty}\tan\dfrac{1}{n^2}$;

(9) $\sum\limits_{n=1}^{\infty}\ln\left(1+\dfrac{1}{n}\right)$;　　(10) $\sum\limits_{n=1}^{\infty}\left(1-\cos\dfrac{\pi}{n}\right)$.

2. 用比值法判别下列级数的敛散性:

(1) $\sum\limits_{n=1}^{\infty}\dfrac{n!}{20^n}$;　　(2) $\sum\limits_{n=1}^{\infty}\dfrac{n^2}{3^n}$;

(3) $\dfrac{3}{2}+\dfrac{4}{2^2}+\dfrac{5}{2^3}+\dfrac{6}{2^4}+\cdots$;　　(4) $\sum\limits_{n=1}^{\infty}\dfrac{2^n n!}{n^n}$;

(5) $\sum\limits_{n=1}^{\infty}3^n\tan\dfrac{\pi}{5^n}$;　　(6) $\sum\limits_{n=1}^{\infty}\dfrac{2\cdot5\cdots(3n-1)}{1\cdot5\cdots(4n-3)}$.

3. 用根值法判别下列级数的敛散性：

(1) $\sum_{n=1}^{\infty}\left(\frac{2n-1}{n+1}\right)^{n}$；

(2) $\sum_{n=1}^{\infty}\left(\frac{n}{5n-1}\right)^{2n+1}$；

(3) $\sum_{n=1}^{\infty}\left(1-\frac{1}{n}\right)^{n^2}$.

提高题

1. 用适当的方法，判别下列正项级数的敛散性：

(1) $\sum_{n=2}^{\infty}\frac{1}{\ln n}$；

(2) $\sum_{n=1}^{\infty}\frac{1}{na+b}(a>0,b>0)$；

(3) $\sum_{n=1}^{\infty}\frac{n-\sqrt{n}}{2n-1}$；

(4) $\sum_{n=1}^{\infty}\frac{\ln\left(1+\frac{1}{n}\right)}{\sqrt{n}}$；

(5) $\sum_{n=1}^{\infty}n^n\sin^n\frac{2}{n}$；

(6) $\sum_{n=1}^{\infty}n\left(\frac{3}{4}\right)^{n}$；

(7) $\sum_{n=1}^{\infty}\frac{1}{1+\alpha^n}(\alpha>0)$.

2. 求极限 $\lim\limits_{n\to\infty}\frac{5^n}{n!}$.

3. 设 $a_n\leqslant c_n\leqslant b_n(n=1,2,\cdots)$，且 $\sum_{n=1}^{\infty}a_n$ 及 $\sum_{n=1}^{\infty}b_n$ 均收敛，证明级数 $\sum_{n=1}^{\infty}c_n$ 收敛.

3.3 任意项级数

任意项级数(series of any terms)是指在级数 $\sum_{n=1}^{\infty}u_n$ 中，各项 u_n 具有任意的正负号. 例如，级数 $\sum_{n=1}^{\infty}\frac{\sin n}{n^2}$ 是任意项级数. 本节首先讨论一类特殊形式级数(交错级数)的敛散性；然后讨论任意项级数的绝对收敛和条件收敛的判别方法.

3.3.1 交错级数

定义1 如果在任意项级数中，正负号相间出现，这样的任意项级数就称为**交错级数**(alternating series). 交错级数的一般形式记为 $\sum_{n=1}^{\infty}(-1)^{n-1}u_n$ 或者 $\sum_{n=1}^{\infty}(-1)^{n}u_n$，其中 $u_n\geqslant 0$ $(n=1,2,\cdots)$. 不失一般性，我们仅研究前者.

例如，$\sum_{n=1}^{\infty}(-1)^{n-1}\frac{1}{n}=1-\frac{1}{2}+\frac{1}{3}-\frac{1}{4}+\cdots$ 是一个交错级数.

对于交错级数，有如下判定收敛性的方法.

定理1(莱布尼茨(Leibniz)判别法) 若交错级数 $\sum_{n=1}^{\infty}(-1)^{n-1}u_n$ 满足：

(1) $u_n\geqslant u_{n+1}(n=1,2,\cdots)$；

(2) $\lim\limits_{n\to\infty}u_n=0$，

则级数 $\sum\limits_{n=1}^{\infty}(-1)^{n-1}u_n$ 收敛，且其和 $s\leqslant u_1$.

证明 考虑级数的前 n 项部分和，当 n 为偶数时，由条件(1)，有

$$\begin{aligned} s_n = s_{2m} &= u_1 - u_2 + u_3 - \cdots + u_{2m-1} - u_{2m} \\ &= (u_1 - u_2) + (u_3 - u_4) + \cdots + (u_{2m-1} - u_{2m}) \\ &\geqslant s_{2m-2} \geqslant 0, \end{aligned}$$

以及

$$s_n = s_{2m} = u_1 - (u_2 - u_3) - \cdots - (u_{2m-2} - u_{2m-1}) - u_{2m} \leqslant u_1,$$

故数列$\{s_{2m}\}$为非负数列，单调增加且有上界，从而极限 $\lim\limits_{m\to\infty}s_{2m}$ 存在，不妨设为 s.

当 n 为奇数时，总可把部分和写为

$$s_n = s_{2m+1} = s_{2m} + u_{2m+1},$$

再由条件(2)可得

$$\lim_{n\to\infty}s_n = \lim_{m\to\infty}s_{2m+1} = \lim_{m\to\infty}(s_{2m} + u_{2m+1}) = s.$$

于是，不管 n 为奇数还是偶数，都有

$$\lim_{n\to\infty}s_n = s,$$

故交错级数 $\sum\limits_{n=1}^{\infty}(-1)^{n-1}u_n$ 收敛.

由于 $s_{2m}\leqslant u_1$，而 $\lim\limits_{m\to\infty}s_{2m}=s$，因此根据极限的保号性可知，$s\leqslant u_1$.

例 1 判别级数 $\sum\limits_{n=1}^{\infty}(-1)^{n-1}\dfrac{1}{n}$ 的敛散性.

解 这是一个交错级数，因为

$$u_n = \frac{1}{n} > u_{n+1} = \frac{1}{n+1}, \quad n = 1,2,\cdots,$$

且

$$\lim_{n\to\infty}u_n = \lim_{n\to\infty}\frac{1}{n} = 0,$$

由莱布尼茨判别法知，级数 $\sum\limits_{n=1}^{\infty}(-1)^{n-1}\dfrac{1}{n}$ 收敛.

例 2 判别交错级数 $\sum\limits_{n=1}^{\infty}(-1)^{n-1}\dfrac{n}{2^n}$ 的敛散性.

解 设 $u_n=\dfrac{n}{2^n}$，而

$$u_n - u_{n+1} = \frac{n}{2^n} - \frac{n+1}{2^{n+1}} = \frac{n-1}{2^{n+1}} \geqslant 0, \quad n = 1,2,\cdots,$$

即

$$u_n \geqslant u_{n+1}, \quad n = 1,2,\cdots.$$

又

$$\lim_{n\to\infty}u_n = \lim_{n\to\infty}\frac{n}{2^n} = 0,$$

所以由莱布尼茨判别法知，级数 $\sum_{n=1}^{\infty}(-1)^{n-1}\frac{n}{2^n}$ 收敛.

注 在判别交错级数 $\sum_{n=1}^{\infty}(-1)^{n-1}u_n$ 是否收敛时，可先考虑是否满足莱布尼茨判别法的条件. 当 u_n 的单调性不容易判断时，可构造一个函数 $f(x)$，利用 $f(x)$ 的单调性来判断 u_n 的单调性.

例3 判别级数 $\sum_{n=1}^{\infty}(-1)^n\frac{\ln n}{n}$ 的敛散性.

解 这是一个交错级数，设 $u_n=\frac{\ln n}{n}\geqslant 0(n=1,2,\cdots)$. 令 $f(x)=\frac{\ln x}{x}(x>3)$，当 $x>3$ 时，$f'(x)=\frac{1-\ln x}{x^2}<0$，则 $f(x)$ 单调递减，从而有

$$u_n=f(n)>f(n+1)=u_{n+1}\quad(n>3),$$

所以当 $n>3$ 时，数列 $\left\{\frac{\ln n}{n}\right\}$ 单调递减，且

$$\lim_{n\to\infty}\frac{\ln n}{n}=\lim_{n\to\infty}\frac{1}{n}=0,$$

由莱布尼茨判别法知，该级数收敛.

3.3.2 任意项级数及其敛散性判别法

对于任意项级数 $\sum_{n=1}^{\infty}u_n$，判别其敛散性时，主要将其转化为正项级数 $\sum_{n=1}^{\infty}|u_n|$，然后利用判别正项级数敛散性的方法进行讨论. 任意项级数 $\sum_{n=1}^{\infty}u_n$ 与正项级数 $\sum_{n=1}^{\infty}|u_n|$ 之间的敛散性有如下关系和定义.

定理2 如果 $\sum_{n=1}^{\infty}|u_n|$ 收敛，则 $\sum_{n=1}^{\infty}u_n$ 收敛.

证明 因为

$$0\leqslant u_n+|u_n|\leqslant 2|u_n|.$$

又已知 $\sum_{n=1}^{\infty}|u_n|$ 收敛，由正项级数的比较判别法知，$\sum_{n=1}^{\infty}(|u_n|+u_n)$ 收敛. 而

$$u_n=(u_n+|u_n|)-|u_n|,$$

根据性质2可知，$\sum_{n=1}^{\infty}u_n=\sum_{n=1}^{\infty}[(|u_n|+u_n)-|u_n|]$ 收敛.

注 当 $\sum_{n=1}^{\infty}|u_n|$ 发散时，一般情况下不能判定级数 $\sum_{n=1}^{\infty}u_n$ 本身也发散. 例如级数 $\sum_{n=1}^{\infty}\left|(-1)^{n-1}\frac{1}{n}\right|=\sum_{n=1}^{\infty}\frac{1}{n}$ 虽然发散，但 $\sum_{n=1}^{\infty}(-1)^{n-1}\frac{1}{n}$ 却是收敛的.

定义2 如果级数 $\sum_{n=1}^{\infty}|u_n|$ 收敛，则称级数 $\sum_{n=1}^{\infty}u_n$ **绝对收敛**(absolute convergence)；如果级数 $\sum_{n=1}^{\infty}u_n$ 收敛，但 $\sum_{n=1}^{\infty}|u_n|$ 发散，则称级数 $\sum_{n=1}^{\infty}u_n$ **条件收敛**(conditional convergence).

易见,前面讨论的级数 $\sum_{n=1}^{\infty}(-1)^{n-1}\frac{1}{n}$ 就是条件收敛的.

例 4 判别级数 $\sum_{n=1}^{\infty}\frac{\cos n}{n^2+1}$ 的敛散性.

解 由于

$$|u_n|=\left|\frac{\cos n}{n^2+1}\right|\leqslant\frac{1}{n^2},$$

而级数 $\sum_{n=1}^{\infty}\frac{1}{n^2}$ 收敛,故由比较判别法知,级数 $\sum_{n=1}^{\infty}|u_n|$ 收敛,从而 $\sum_{n=1}^{\infty}\frac{\cos n}{n^2+1}$ 收敛且为绝对收敛.

例 5 讨论级数 $\sum_{n=1}^{\infty}(-1)^{n-1}\frac{1}{n^p}(p>0)$ 的敛散性.

解 显然

$$\sum_{n=1}^{\infty}\left|(-1)^{n-1}\frac{1}{n^p}\right|=\sum_{n=1}^{\infty}\frac{1}{n^p}.$$

(1) 当 $p>1$ 时,由于 p-级数 $\sum_{n=1}^{\infty}\frac{1}{n^p}$ 收敛,所以 $\sum_{n=1}^{\infty}(-1)^{n-1}\frac{1}{n^p}$ 收敛且为绝对收敛.

(2) 当 $0<p\leqslant 1$ 时,由于 p-级数 $\sum_{n=1}^{\infty}\frac{1}{n^p}$ 发散,而 $\sum_{n=1}^{\infty}(-1)^{n-1}\frac{1}{n^p}$ 为交错级数,满足

$$\frac{1}{n^p}>\frac{1}{n^{p+1}}\quad 且\quad \lim_{n\to\infty}\frac{1}{n^p}=0,$$

由莱布尼茨判别法知,级数 $\sum_{n=1}^{\infty}(-1)^{n-1}\frac{1}{n^p}$ 收敛且为条件收敛.

综上,在判别任意项级数 $\sum_{n=1}^{\infty}u_n$ 的敛散性时,通常转化为较简单的正项级数 $\sum_{n=1}^{\infty}|u_n|$ 来讨论,一般可按如下步骤进行:

(1) 确定极限 $\lim_{n\to\infty}u_n$ 是否为 0,若 $\lim_{n\to\infty}u_n\neq 0$,则级数 $\sum_{n=1}^{\infty}u_n$ 发散;

(2) 若 $\lim_{n\to\infty}u_n=0$,判别 $\sum_{n=1}^{\infty}|u_n|$ 的敛散性(利用判别正项级数敛散性的方法判别):

① 若级数 $\sum_{n=1}^{\infty}|u_n|$ 收敛,则级数 $\sum_{n=1}^{\infty}u_n$ 也收敛且为绝对收敛;

② 若级数 $\sum_{n=1}^{\infty}|u_n|$ 发散,再判别 $\sum_{n=1}^{\infty}u_n$ 是否收敛(对于交错级数,可利用莱布尼茨判别法).

习题 3.3

1. 判别下列交错级数的敛散性:

(1) $\sum_{n=1}^{\infty}(-1)^n\frac{1}{2n+1}$;　　(2) $\sum_{n=2}^{\infty}(-1)^n\frac{1}{\ln n}$;

(3) $\sum_{n=1}^{\infty}(-1)^{n-1}\frac{\sqrt{n}}{n+1}$；　　(4) $\sum_{n=1}^{\infty}(-1)^{n}\frac{n}{2n+1}$.

2. 判别下列级数是否收敛，若收敛，是绝对收敛还是条件收敛：

(1) $\sum_{n=1}^{\infty}(-1)^{n}\frac{1}{\sqrt{n}}$；　　(2) $\sum_{n=1}^{\infty}(-1)^{n}\frac{\sin n\alpha}{\sqrt{n^3+1}}$；

(3) $1-\frac{1}{3^2}+\frac{1}{5^2}-\frac{1}{7^2}+\cdots$；　　(4) $\sum_{n=1}^{\infty}(-1)^{n-1}\frac{n}{3^{n-1}}$；

(5) $\frac{1}{\pi^2}\sin\frac{\pi}{2}-\frac{1}{\pi^3}\sin\frac{\pi}{3}+\frac{1}{\pi^4}\sin\frac{\pi}{4}-\cdots$；　　(6) $\sum_{n=1}^{\infty}(-1)^{n}\frac{n!}{2^n}$；

(7) $\frac{1}{3}\times\frac{1}{2}-\frac{1}{3}\times\frac{1}{2^2}+\frac{1}{3}\times\frac{1}{2^3}-\cdots$；　　(8) $\sum_{n=1}^{\infty}(-1)^{n}\frac{n^2}{4^n}$.

提高题

1. 判别下列级数是否收敛，若收敛，是绝对收敛还是条件收敛.

(1) $\sum_{n=1}^{\infty}(-1)^{n}\frac{1}{n-\ln n}$；　　(2) $\sum_{n=1}^{\infty}(-1)^{n-1}\frac{n}{n^2+1}$；

(3) $\sum_{n=1}^{\infty}\frac{\sin n^2}{n^2}$；　　(4) $\sum_{n=1}^{\infty}(-1)^{n}\frac{1}{2^n}\left(1+\frac{1}{n}\right)^{n^2}$.

2. 设正项数列$\{a_n\}$单调减少，且$\sum_{n=1}^{\infty}(-1)^n a_n$发散，试问级数$\sum_{n=1}^{\infty}\left(\frac{1}{a_n+1}\right)^n$是否收敛，并说明理由.

3.4 幂级数

幂级数(power series)是一类比较常见、结构简单而且应用广泛的函数项级数，它的数学理论相对比较完美，也是本课程重点研究的一种无穷级数.本节着重讨论幂级数的收敛域与求和这两个基本问题，后者相对难一些，往往需要较高的分析技巧.

3.4.1 函数项级数

定义1 设$u_0(x),u_1(x),u_2(x),\cdots,u_n(x),\cdots$是定义在数集$I$上的函数，则

$$\sum_{n=0}^{\infty}u_n(x)=u_0(x)+u_1(x)+u_2(x)+\cdots+u_n(x)+\cdots \tag{3-4}$$

称为定义在数集I上的**函数项级数**(series of function terms)，将前n项的和称为函数项级数(3-4)的**部分和函数**，记作$s_n(x)$，即

$$s_n(x)=\sum_{k=0}^{n-1}u_k(x)=u_0(x)+u_1(x)+u_2(x)+\cdots+u_{n-1}(x).$$

在函数项级数(3-4)中，当x在数集I中取定某一确定值x_0时，则得到一个数项级数

$$\sum_{n=0}^{\infty}u_n(x_0)=u_0(x_0)+u_1(x_0)+\cdots+u_n(x_0)+\cdots. \tag{3-5}$$

若数项级数(3-5)收敛，则称点x_0为函数项级数(3-4)的一个**收敛点**(convergent point).反之，若数项级数(3-5)发散，则称点x_0为函数项级数(3-4)的**发散点**(divergent point).所有收

敛点构成的集合,称为函数项级数(3-4)的**收敛域**(convergent domain);所有发散点构成的集合,称为函数项级数(3-4)的**发散域**.

对于收敛域内的每一个 x_0,则必有一个和 $s(x_0)$ 与之对应,即

$$s(x_0)=\sum_{n=0}^{\infty}u_n(x_0)=u_0(x_0)+u_1(x_0)+\cdots+u_n(x_0)+\cdots.$$

当 x_0 在收敛域内变动时,由对应关系,就得到一个定义在收敛域上的函数 $s(x)$,即

$$s(x)=\sum_{n=0}^{\infty}u_n(x)=u_0(x)+u_1(x)+u_2(x)+\cdots+u_n(x)+\cdots,$$

并称函数 $s(x)$ 为定义在收敛域上的函数项级数 $\sum\limits_{n=0}^{\infty}u_n(x)$ 的**和函数**.因此,在收敛域内有

$$s(x)=\lim_{n\to\infty}s_n(x).$$

例如,公比是 x 的等比级数

$$\sum_{n=0}^{\infty}2x^n=2+2x+2x^2+\cdots+2x^n+\cdots,$$

当公比 $|x|<1$ 时收敛,当 $|x|\geqslant 1$ 时发散,所以全体收敛点的集合,即收敛域为 $(-1,1)$.并且在收敛域 $(-1,1)$ 内任取一点 x,有

$$s(x)=\lim_{n\to\infty}s_n(x)=\lim_{n\to\infty}(2+2x+\cdots+2x^{n-1})=\lim_{n\to\infty}\frac{2-2x^n}{1-x}=\frac{2}{1-x},$$

即级数 $\sum\limits_{n=0}^{\infty}2x^n$ 在收敛域 $(-1,1)$ 内的和函数为 $\frac{2}{1-x}$.

3.4.2 幂级数及其敛散性

定义 2 形如

$$\sum_{n=0}^{\infty}a_n(x-x_0)^n=a_0+a_1(x-x_0)+a_2(x-x_0)^2+\cdots+a_n(x-x_0)^n+\cdots \tag{3-6}$$

的级数称为**在 $x=x_0$ 处的幂级数**,其中 $a_0,a_1,\cdots,a_n,\cdots$ 都是常数,称为幂级数的**系数**(coefficient).

特别地,若 $x_0=0$,则称

$$\sum_{n=0}^{\infty}a_nx^n=a_0+a_1x+\cdots+a_nx^n+\cdots \tag{3-7}$$

为 **$x=0$ 处的幂级数或 x 的幂级数**.

在幂级数 $\sum\limits_{n=0}^{\infty}a_n(x-x_0)^n$ 中,若令 $t=x-x_0$,则

$$\sum_{n=0}^{\infty}a_n(x-x_0)^n=\sum_{n=0}^{\infty}a_nt^n.$$

即形如式(3-6)的幂级数都可转化为形如式(3-7)的幂级数,因此,以下我们主要讨论形如式(3-7)的幂级数.

首先讨论幂级数的收敛域,我们给出如下定理.

定理 1(阿贝尔(Abel)定理)

(1) 若幂级数 $\sum\limits_{n=0}^{\infty}a_nx^n$ 在点 $x=x_0\,(x_0\neq 0)$ 处收敛,则对于满足 $|x|<|x_0|$ 的一切 x,

$\sum\limits_{n=0}^{\infty}a_nx^n$ 均绝对收敛；

(2) 若幂级数 $\sum\limits_{n=0}^{\infty}a_nx^n$ 在点 $x=x_0$ 处发散，则对于满足 $|x|>|x_0|$ 的一切 x，$\sum\limits_{n=0}^{\infty}a_nx^n$ 均发散.

证明 (1) 设级数 $\sum\limits_{n=0}^{\infty}a_nx_0^n$ 收敛，由级数收敛的必要条件知，$\lim\limits_{n\to\infty}a_nx_0^n=0$，故数列 $\{a_nx_0^n\}$ 有界，即存在常数 $M>0$，使得

$$|a_nx_0^n|\leqslant M,\quad n=0,1,2,\cdots.$$

于是

$$|a_nx^n|=\left|a_nx_0^n\cdot\frac{x^n}{x_0^n}\right|=|a_nx_0^n|\cdot\left|\frac{x}{x_0}\right|^n\leqslant M\left|\frac{x}{x_0}\right|^n,$$

当 $|x|<|x_0|$ 时，$\left|\frac{x}{x_0}\right|<1$，故等比级数 $\sum\limits_{n=0}^{\infty}M\left|\frac{x}{x_0}\right|^n$ 收敛. 由正项级数的比较判别法知，幂级数 $\sum\limits_{n=0}^{\infty}a_nx^n$ 绝对收敛.

(2) 假若对某个 $|x_1|>|x_0|$，有 $\sum\limits_{n=0}^{\infty}a_nx_1^n$ 收敛，则由(1)的证明可知，$\sum\limits_{n=0}^{\infty}a_nx_0^n$ 绝对收敛，这与已知矛盾. 于是定理得证.

阿贝尔定理说明：若 x_0 是 $\sum\limits_{n=0}^{\infty}a_nx^n$ 的收敛点，则该幂级数在 $(-|x_0|,|x_0|)$ 内收敛；若 x_0 是 $\sum\limits_{n=0}^{\infty}a_nx^n$ 的发散点，则该幂级数在 $(-\infty,-|x_0|)\cup(|x_0|,+\infty)$ 内发散.

推论 若 $\sum\limits_{n=0}^{\infty}a_nx^n$ 在 $(-\infty,+\infty)$ 内有非零的收敛点和发散点，则必存在 $R>0$，使得

(1) 当 $|x|<R$ 时，幂级数 $\sum\limits_{n=0}^{\infty}a_nx^n$ 收敛且绝对收敛；

(2) 当 $|x|>R$ 时，幂级数 $\sum\limits_{n=0}^{\infty}a_nx^n$ 发散.

注 (1) 当 $|x|=R$ 时，幂级数 $\sum\limits_{n=0}^{\infty}a_nx^n$ 可能收敛也可能发散.

(2) 若点 $x=a$ 是幂级数 $\sum\limits_{n=0}^{\infty}a_nx^n$ 的收敛点，则 $R\geqslant|a|$；若点 $x=b$ 是幂级数 $\sum\limits_{n=0}^{\infty}a_nx^n$ 的发散点，则 $R\leqslant|b|$.

(3) 称上述推论中的正数 R 为幂级数 $\sum\limits_{n=0}^{\infty}a_nx^n$ 的**收敛半径**(convergence radius). 由幂级数在 $x=\pm R$ 处的收敛性就可以确定它的收敛域必是这四类区间 $(-R,R)$，$(-R,R]$，$[-R,R)$，$[-R,R]$ 之一，并将其称为幂级数 $\sum\limits_{n=0}^{\infty}a_nx^n$ 的**收敛区间**(convergence interval). 特别地，当幂级数 $\sum\limits_{n=0}^{\infty}a_nx^n$ 仅在 $x=0$ 处收敛时，规定其收敛半径 $R=0$；当 $\sum\limits_{n=0}^{\infty}a_nx^n$ 在整个数轴

上都收敛时，规定其收敛半径 $R=+\infty$，此时的收敛域为 $(-\infty,+\infty)$.

定理 2 设 R 是幂级数 $\sum_{n=0}^{\infty}a_nx^n$ 的收敛半径，并且级数 $\sum_{n=0}^{\infty}a_nx^n$ 的系数满足

$$\lim_{n\to\infty}\left|\frac{a_{n+1}}{a_n}\right|=\rho,$$

则：

(1) 当 $0<\rho<+\infty$ 时，$R=\frac{1}{\rho}$；

(2) 当 $\rho=0$ 时，$R=+\infty$；

(3) 当 $\rho=+\infty$ 时，$R=0$.

证明 因为对于正项级数

$$\sum_{n=0}^{\infty}|a_nx^n|=|a_0|+|a_1x|+\cdots+|a_nx^n|+\cdots,$$

有

$$\lim_{n\to\infty}\left|\frac{a_{n+1}x^{n+1}}{a_nx^n}\right|=\lim_{n\to\infty}\left|\frac{a_{n+1}}{a_n}\right|\cdot|x|=\rho|x|.$$

于是：

(1) 若 $0<\rho<+\infty$，由比值判别法知，当 $\rho|x|<1$，即 $|x|<\frac{1}{\rho}$ 时，$\sum_{n=0}^{\infty}|a_nx^n|$ 收敛，即 $\sum_{n=0}^{\infty}a_nx^n$ 绝对收敛；当 $|x|>\frac{1}{\rho}$ 时，$\sum_{n=0}^{\infty}a_nx^n$ 发散，故幂级数 $\sum_{n=0}^{\infty}a_nx^n$ 的收敛半径 $R=\frac{1}{\rho}$.

(2) 若 $\rho=0$，则 $\rho|x|=0<1$，则对任意 $x\in(-\infty,+\infty)$，$\sum_{n=0}^{\infty}|a_nx^n|$ 收敛，即 $\sum_{n=0}^{\infty}a_nx^n$ 绝对收敛，故幂级数 $\sum_{n=0}^{\infty}a_nx^n$ 的收敛半径 $R=+\infty$.

(3) 若 $\rho=+\infty$，则对任意 $x\neq0$，有 $\lim_{n\to\infty}\left|\frac{a_{n+1}x^{n+1}}{a_nx^n}\right|=+\infty$，从而级数 $\sum_{n=0}^{\infty}a_nx^n$ 发散，故幂级数仅在 $x=0$ 处收敛，其收敛半径 $R=0$.

注 (1) 定理 2 适用于幂级数 $\sum_{n=0}^{\infty}a_nx^n$ 的所有系数 $a_n\neq0$ 的情况，且收敛半径 $R=\lim_{n\to\infty}\left|\frac{a_n}{a_{n+1}}\right|$.

(2) 如果幂级数 $\sum_{n=0}^{\infty}a_nx^n$ 有缺项，例如缺少奇次幂项或偶次幂项，则可直接利用比值判别法(类似于定理 2 的证明方法)或根植判别法判别其敛散性.

例 1 求下列幂级数的收敛半径与收敛域：

(1) $\sum_{n=1}^{\infty}(-1)^{n-1}\frac{x^n}{n}$； (2) $\sum_{n=1}^{\infty}n!x^n$；

(3) $\sum_{n=1}^{\infty}\frac{x^n}{n!}$.

解 (1) 因为 $R=\lim_{n\to\infty}\left|\frac{a_n}{a_{n+1}}\right|=\lim_{n\to\infty}\frac{n+1}{n}=1$，所以收敛半径为 1.

当 $x=1$ 时，级数 $\sum_{n=1}^{\infty}(-1)^{n-1}\frac{1}{n}$ 为交错级数且收敛；

当 $x=-1$ 时，级数 $\sum_{n=1}^{\infty}-\frac{1}{n}$ 为调和级数，故发散．所以原级数的收敛域为$(-1,1]$．

(2) 因为 $R=\lim\limits_{n\to\infty}\left|\frac{a_n}{a_{n+1}}\right|=\lim\limits_{n\to\infty}\frac{n!}{(n+1)!}=\lim\limits_{n\to\infty}\frac{1}{n+1}=0$，所以收敛半径为 0，故该级数仅在 $x=0$ 点处收敛．

(3) 因为 $R=\lim\limits_{n\to\infty}\left|\frac{a_n}{a_{n+1}}\right|=\lim\limits_{n\to\infty}\frac{(n+1)!}{n!}=\lim\limits_{n\to\infty}(n+1)=+\infty$，所以收敛半径为 $+\infty$，故原级数的收敛域为$(-\infty,+\infty)$．

例 2 求幂级数 $\sum_{n=1}^{\infty}(-1)^n\frac{x^{2n+1}}{2n+1}$ 收敛半径与收敛域．

解 该幂级数缺少偶次幂项，令 $u_n(x)=(-1)^n\frac{x^{2n+1}}{2n+1}$，则

$$\lim_{n\to\infty}\left|\frac{u_{n+1}(x)}{u_n(x)}\right|=|x|^2,$$

根据比值判别法可知，当 $|x|^2<1$ 时，即 $|x|<1$ 时级数收敛；当 $|x|>1$ 时级数发散，所以收敛半径 $R=1$．当 $x=1$ 时，原级数为 $\sum_{n=1}^{\infty}\frac{(-1)^n}{2n+1}$ 收敛；当 $x=-1$ 时，原级数为 $\sum_{n=1}^{\infty}\frac{(-1)^{n+1}}{2n+1}$ 也收敛，所以收敛域为$[-1,1]$．

例 3 求幂级数 $\sum_{n=0}^{\infty}(x-3)^n$ 的收敛域．

解 令 $t=x-3$，则所给幂级数化为 $\sum_{n=0}^{\infty}t^n$．由于级数 $\sum_{n=0}^{\infty}t^n$ 的收敛半径

$$R=\lim_{n\to\infty}\left|\frac{a_n}{a_{n+1}}\right|=1,$$

易见，其收敛域为$(-1,1)$．从而由 $t=x-3$ 可得 $2<x<4$，故幂级数 $\sum_{n=0}^{\infty}(x-3)^n$ 的收敛域为$(2,4)$．

定理 3 设 R 是幂级数 $\sum_{n=0}^{\infty}a_nx^n$ 的收敛半径，若 $\sum_{n=0}^{\infty}a_nx^n$ 的系数满足

$$\lim_{n\to\infty}\sqrt[n]{|a_n|}=\rho,$$

则：

(1) 当 $0<\rho<+\infty$ 时，$R=\frac{1}{\rho}$；

(2) 当 $\rho=0$ 时，$R=+\infty$；

(3) 当 $\rho=+\infty$ 时，$R=0$．

其证明方法类似于定理 2 的证明，这里不再给出具体的证明．

例 4 求幂级数 $\sum_{n=1}^{\infty}n^nx^n$ 的收敛半径和收敛域．

解 因为 $a_n=n^n$，则

$$\lim_{n\to\infty}\sqrt[n]{|a_n|}=\lim_{n\to\infty}n=+\infty,$$

故原级数的收敛半径 $R=0$，即仅在 $x=0$ 点处收敛，收敛域为 $\{0\}$.

3.4.3 幂级数的运算

设幂级数 $\sum_{n=0}^{\infty}a_nx^n$ 与 $\sum_{n=0}^{\infty}b_nx^n$ 的收敛半径分别为 R_1 与 R_2，它们在收敛域上确定的和函数分别为 $s_1(x)$ 与 $s_2(x)$，令 $R=\min\{R_1,R_2\}$，两个幂级数在其收敛的公共区间 $(-R,R)$ 内可进行如下运算：

(1) 加法运算

$$\sum_{n=0}^{\infty}a_nx^n\pm\sum_{n=0}^{\infty}b_nx^n=\sum_{n=0}^{\infty}(a_n\pm b_n)x^n=s_1(x)\pm s_2(x);$$

(2) 乘法运算

$$\sum_{n=0}^{\infty}a_nx^n\cdot\sum_{n=0}^{\infty}b_nx^n=\sum_{n=0}^{\infty}c_nx^n=s_1(x)\cdot s_2(x),$$

其中

$$c_n=\sum_{k=0}^{n}a_kb_{n-k}=a_0b_n+a_1b_{n-1}+\cdots+a_kb_{n-k}+\cdots+a_nb_0.$$

幂级数的和函数还具有下面几个重要的性质.

设幂级数 $\sum_{n=0}^{\infty}a_nx^n$ 的收敛半径为 R，在收敛域内的和函数为 $s(x)$，则

(1) 和函数 $s(x)$ 在收敛区间 $(-R,R)$ 内连续；如果幂级数 $\sum_{n=0}^{\infty}a_nx^n$ 在其收敛区间的右(左)端点收敛，那么 $s(x)$ 也在其右(左)端点左(右)连续；

(2) 和函数 $s(x)$ 在收敛区间 $(-R,R)$ 内可导，并且有逐项求导公式：

$$s'(x)=\left(\sum_{n=0}^{\infty}a_nx^n\right)'=\sum_{n=0}^{\infty}(a_nx^n)'=\sum_{n=0}^{\infty}a_nnx^{n-1}. \tag{3-8}$$

所得幂级数的收敛半径仍为 R，但在收敛区间端点处的收敛性可能改变；

(3) 和函数 $s(x)$ 在收敛区间 $(-R,R)$ 内可积，并且有逐项积分公式：

$$\int_0^x s(t)\mathrm{d}t=\int_0^x\sum_{n=0}^{\infty}a_nt^n\mathrm{d}t=\sum_{n=0}^{\infty}\int_0^x a_nt^n\mathrm{d}t=\sum_{n=0}^{\infty}\frac{a_n}{n+1}x^{n+1}. \tag{3-9}$$

所得幂级数的收敛半径仍为 R，但在收敛区间端点处的收敛性可能改变.

求幂级数 $\sum_{n=0}^{\infty}a_nx^n$ 的和函数 $s(x)$ 时，可根据和函数的以上性质按如下步骤进行：

(1) 求幂级数的收敛半径和收敛域；

(2) 根据所求幂级数的特点，一般项含有形如“$\frac{x^n}{n}$”的幂级数，常用逐项求导公式(3-8)；一般项含有形如“$(n+1)x^n$”的幂级数，常用逐项积分公式(3-9)，将其转换为容易求和函数的幂级数形式，如转换为等比级数的形式；

(3) 再利用步骤(2)中所采用运算的逆运算，求得原来幂级数的和函数.

例5 求幂级数 $\sum_{n=0}^{\infty}(n+1)x^n$ 的和函数.

解 (1) 先求收敛域,因为 $R=\lim_{n\to\infty}\left|\frac{a_n}{a_{n+1}}\right|=\lim_{n\to\infty}\frac{n+1}{n+2}=1$,所给幂级数的收敛半径 $R=1$,易见,当 $x=\pm1$ 时该级数发散,所以原幂级数的收敛域为 $(-1,1)$.

(2) 设和函数为 $s(x)$,即

$$s(x)=\sum_{n=0}^{\infty}(n+1)x^n,\quad x\in(-1,1),$$

则 $\forall x\in(-1,1)$,将上式两端从 0 到 x 逐项积分得

$$\int_0^x s(t)\mathrm{d}t=\sum_{n=0}^{\infty}\int_0^x(n+1)t^n\mathrm{d}t=\sum_{n=0}^{\infty}x^{n+1}=\frac{x}{1-x}.$$

对上式等号两端求导,有

$$s(x)=\left(\frac{x}{1-x}\right)'=\frac{1}{(1-x)^2}.$$

例6 求幂级数 $\sum_{n=0}^{\infty}\frac{x^n}{n+1}$ 的和函数 $s(x)$,并求 $\sum_{n=0}^{\infty}\frac{(-1)^n}{n+1}$ 的和.

解 (1) 先求收敛域,因为 $R=\lim_{n\to\infty}\left|\frac{a_n}{a_{n+1}}\right|=\lim_{n\to\infty}\frac{n+2}{n+1}=1$,且当 $x=-1$ 时,级数为 $\sum_{n=1}^{\infty}\frac{(-1)^n}{n+1}$ 收敛;当 $x=1$ 时,级数为 $\sum_{n=1}^{\infty}\frac{1}{n+1}$ 发散. 故收敛域为 $[-1,1)$.

(2) 设和函数为 $s(x)$,即

$$s(x)=\sum_{n=0}^{\infty}\frac{x^n}{n+1},\quad x\in[-1,1).$$

于是

$$xs(x)=\sum_{n=0}^{\infty}\frac{x^{n+1}}{n+1},$$

将上式两端同时求导,利用逐项求导公式(3-8)可得

$$[xs(x)]'=\left(\sum_{n=0}^{\infty}\frac{x^{n+1}}{n+1}\right)'=\sum_{n=0}^{\infty}x^n=\frac{1}{1-x},\quad x\in(-1,1).$$

将上式两端从 0 到 x 逐项积分得

$$xs(x)=\int_0^x[ts(t)]'\mathrm{d}t=\int_0^x\frac{1}{1-t}\mathrm{d}t=-\ln(1-x),$$

于是,当 $x\neq0$ 时,有 $s(x)=-\frac{\ln(1-x)}{x}$. 而当 $x=0$ 时,$s(0)=1$. 易见和函数 $s(x)$ 在点 $x=0$ 处是连续的,这是因为 $\lim_{x\to0}s(x)=\lim_{x\to0}\frac{-\ln(1-x)}{x}=1=s(0)$.

又由幂级数在其收敛区间上的连续性可得

$$s(x)=\begin{cases}-\frac{1}{x}\ln(1-x), & x\in[-1,0)\cup(0,1);\\ 1, & x=0.\end{cases}$$

(3) 若令 $x=-1$,则有 $\sum_{n=0}^{\infty}\frac{(-1)^n}{n+1}=s(-1)=\ln2$.

1. 求下列幂级数的收敛域:

(1) $\sum\limits_{n=1}^{\infty}\dfrac{(2x)^n}{n!}$;

(2) $\sum\limits_{n=1}^{\infty}nx^n$;

(3) $\sum\limits_{n=2}^{\infty}(-1)^n\dfrac{1}{\ln n}x^n$;

(4) $\sum\limits_{n=0}^{\infty}(-1)^n\dfrac{1}{(2n+1)!}x^n$;

(5) $\sum\limits_{n=0}^{\infty}\dfrac{1}{5^n}x^{2n+1}$;

(6) $\sum\limits_{n=1}^{\infty}\dfrac{1}{n3^n}x^{2n}$;

(7) $\sum\limits_{n=1}^{\infty}(x-1)^n$;

(8) $\sum\limits_{n=1}^{\infty}\dfrac{1}{n4^n}(x-4)^n$.

2. 求下列级数在收敛域上的和函数:

(1) $\sum\limits_{n=1}^{\infty}nx^{n-1}$;

(2) $\sum\limits_{n=1}^{\infty}\dfrac{x^{2n-1}}{2n-1}$.

提高题

1. 级数 $\sum\limits_{n=1}^{\infty}a_n(x-3)^n$ 在 $x=0$ 处发散,在 $x=5$ 处收敛,问该幂级数在 $x=2$ 处是否收敛? 在 $x=7$ 处是否收敛?

2. 已知幂级数 $\sum\limits_{n=1}^{\infty}a_nx^n$ 的收敛半径是 R,问幂级数 $\sum\limits_{n=1}^{\infty}a_nx^{2n}$ 的收敛半径是多少?

3. 求幂级数 $\sum\limits_{n=1}^{\infty}n^2x^{n-1}$ 在收敛域上的和函数.

3.5 函数的幂级数展开

在 3.4 节中,我们讨论了幂级数的收敛性,在其收敛域内,幂级数总是收敛于一个和函数.本节将要讨论与此相反的问题:对给定的函数 $f(x)$,能否在某一区间上将其"展开成幂级数"? 如果能展开,又如何表示? 一般地说,将函数表示成幂级数,称为**函数的幂级数展开**(expansion of power series of functions).

3.5.1 泰勒级数

如果给定的函数能展开成幂级数,那么展开式的系数与该函数之间有什么样的关系? 有下面的定理.

定理 1 设函数 $f(x)$在点 x_0 的某邻域内具有任意阶导数,如果 $f(x)$在点 x_0 处的幂级数展开式为 $f(x)=\sum\limits_{n=0}^{\infty}a_n(x-x_0)^n$,则其系数

$$a_n=\frac{f^{(n)}(x_0)}{n!},\quad n=0,1,2,\cdots(\text{规定:}f^{(0)}(x_0)=f(x_0)).$$

证明 在点 x_0 的某邻域内利用幂级数和函数逐项求导公式,将下式

$$f(x)=\sum_{n=0}^{\infty}a_n(x-x_0)^n=a_0+a_1(x-x_0)+a_2(x-x_0)^2+\cdots+a_n(x-x_0)^n+\cdots$$

两端同时多次逐项求导可得

$$f'(x)=a_1+2a_2(x-x_0)+\cdots+na_n(x-x_0)^{n-1}+\cdots,$$
$$f''(x)=2!a_2+3\cdot 2a_3(x-x_0)+\cdots+n(n-1)a_n(x-x_0)^{n-2}+\cdots,$$
$$\vdots$$
$$f^{(n)}(x)=n!a_n+(n+1)n\cdots 2a_{n+1}(x-x_0)+\cdots.$$

令 $x=x_0$,可得

$$f(x_0)=a_0,\quad f'(x_0)=a_1,\quad f''(x_0)=2!a_2,\quad \cdots,\quad f^{(n)}(x_0)=n!a_n,\quad \cdots$$

故

$$a_n=\frac{f^{(n)}(x_0)}{n!},\quad n=0,1,2,\cdots.$$

该定理给出了函数的幂级数展开式的系数的求法,由此我们也引入下面的定义.

定义1 设函数 $f(x)$在点 x_0 的某邻域内具有任意阶导数,称幂级数

$$\sum_{n=0}^{\infty}\frac{f^{(n)}(x_0)}{n!}(x-x_0)^n=f(x_0)+f'(x_0)(x-x_0)+\cdots+\frac{f^{(n)}(x_0)}{n!}(x-x_0)^n+\cdots$$

为函数 $f(x)$在点 x_0 处的**泰勒级数**(Taylor's series). 特别地,当 $x_0=0$ 时,

$$\sum_{n=0}^{\infty}\frac{f^{(n)}(0)}{n!}x^n=f(0)+f'(0)x+\cdots+\frac{f^{(n)}(0)}{n!}x^n+\cdots$$

称为函数 $f(x)$的**麦克劳林级数**. 易见,$f(x)$的麦克劳林级数是 x 的幂级数.

在上册 3.3 节,我们已经知道,如果函数 $f(x)$在含有 x_0 的某个邻域内具有直到 $n+1$ 阶的导数,则在该邻域内有 $f(x)$的 n 阶泰勒公式:

$$f(x)=f(x_0)+f'(x_0)(x-x_0)+\frac{f''(x_0)}{2!}(x-x_0)^2+\cdots+\frac{f^{(n)}(x_0)}{n!}(x-x_0)^n+R_n(x),$$

其中 $R_n(x)=\dfrac{f^{(n+1)}(\xi)}{(n+1)!}(x-x_0)^{n+1}$为拉格朗日型余项,而 ξ 是 x_0 与 x 之间的某个值.

将函数 $f(x)$在点 x_0 处的泰勒级数和 n 阶泰勒公式加以对比,从形式上看二者非常相似,那么它们之间存在什么样的关系?又由定理1和定义1可知,如果函数 $f(x)$在点 x_0 处能展成幂级数,则其幂级数展开式必为泰勒级数. 那么函数 $f(x)$在点 x_0 处的泰勒级数是否一定收敛于 $f(x)$,如果收敛于 $f(x)$需要满足什么条件?对此,有如下定理.

定理2 设 $f(x)$在点 x_0 的某邻域内具有任意阶导数,则在该邻域内 $f(x)$能展开成泰勒级数,即

$$f(x)=\sum_{n=0}^{\infty}\frac{f^{(n)}(x_0)}{n!}(x-x_0)^n \text{ 的充分必要条件是}\lim_{n\to\infty}R_n(x)=0.$$

其中 $R_n(x)$为拉格朗日型余项 $R_n(x)=\dfrac{f^{(n+1)}(\xi)}{(n+1)!}(x-x_0)^{n+1}$,$\xi$ 是 x_0 与 x 之间的某个值.

证明略.

综合以上也可进一步证明:如果函数 $f(x)$能展开成幂级数,那么这个展开式是唯一的,而且一定是 $f(x)$的泰勒级数.

3.5.2 函数展开成幂级数

利用定理1和定理2将函数 $f(x)$ 展成泰勒级数的方法，称为**直接展开法**. 特别地，将 $f(x)$ 展开成麦克劳林级数，亦即展开成 x 的幂级数形式，可按如下步骤进行：

第一步　求出 $f(x)$ 的各阶导数：

$$f'(x), f''(x), \cdots, f^{(n)}(x), \cdots.$$

第二步　求出 $f(x)$ 的各阶导数在 $x=0$ 处的值：

$$f(0), f'(0), f''(0), \cdots, f^{(n)}(0), \cdots.$$

第三步　写出幂级数

$$f(0)+f'(0)x+\cdots+\frac{f^{(n)}(0)}{n!}x^n+\cdots,$$

并求出其收敛半径 R.

第四步　当 $x\in(-R,R)$ 时，判断极限

$$\lim_{n\to\infty}R_n(x)=\lim_{n\to\infty}\frac{f^{(n+1)}(\xi)}{(n+1)!}x^{n+1}\quad(\xi\text{ 介于 }0\text{ 与 }x\text{ 之间})$$

是否为0. 如果 $\lim\limits_{n\to\infty}R_n(x)=0$，则 $f(x)$ 在 $(-R,R)$ 内的幂级数展开式为

$$f(x)=f(0)+f'(0)x+\cdots+\frac{f^{(n)}(0)}{n!}x^n+\cdots,\quad x\in(-R,R).$$

例1　将函数 $f(x)=\mathrm{e}^x$ 展开成 x 的幂级数.

解　由于

$$f^{(n)}(x)=\mathrm{e}^x,\quad n=0,1,2,\cdots,$$

所以

$$f(0)=f'(0)=\cdots=f^{(n)}(0)=1.$$

于是，得到幂级数

$$1+x+\frac{1}{2!}x^2+\cdots+\frac{1}{n!}x^n+\cdots,$$

它的收敛半径为 $R=+\infty$.

对于任何有限的数 x 和 ξ（ξ 介于0与 x 之间），有

$$|R_n(x)|=\left|\frac{\mathrm{e}^\xi}{(n+1)!}x^{n+1}\right|<\mathrm{e}^{|x|}\cdot\frac{|x|^{n+1}}{(n+1)!}.$$

因 $\mathrm{e}^{|x|}$ 有限，而 $\frac{|x|^{n+1}}{(n+1)!}$ 是收敛级数 $\sum\limits_{n=0}^{\infty}\frac{|x|^{n+1}}{(n+1)!}$ 的一般项，所以 $\mathrm{e}^{|x|}\cdot\frac{|x|^{n+1}}{(n+1)!}\to0\ (n\to\infty)$，即有 $\lim\limits_{n\to\infty}R_n(x)=0$. 于是

$$\mathrm{e}^x=1+x+\frac{1}{2!}x^2+\cdots+\frac{1}{n!}x^n+\cdots,\quad x\in(-\infty,+\infty).$$

例2　将函数 $f(x)=\sin x$ 展开成 x 的幂级数.

解　由于

$$f^{(n)}(x)=\sin\left(x+\frac{n\pi}{2}\right),\quad n=0,1,2,\cdots$$

且 $f^{(n)}(0)$ 顺序循环地取 $0,1,0,-1,\cdots(n=0,1,2,\cdots)$. 于是，得到幂级数

$$x-\frac{1}{3!}x^3+\frac{1}{5}x^5-\cdots+(-1)^n\frac{x^{2n+1}}{(2n+1)!}+\cdots,$$

它的收敛半径为$R=+\infty$.

对于任何有限的数x和ξ(ξ介于0与x之间),有

$$|R_n(x)|=\left|\frac{\sin\left[\xi+\frac{(n+1)\pi}{2}\right]}{(n+1)!}x^{n+1}\right|<\frac{|x|^{n+1}}{(n+1)!}\to 0,\quad n\to\infty.$$

于是

$$\sin x=x-\frac{1}{3!}x^3+\cdots+(-1)^n\frac{x^{2n+1}}{(2n+1)!}+\cdots,\quad x\in(-\infty,+\infty).$$

从上面的例子可以看出,利用直接展开法将一个函数展开成幂级数不是件容易的事.我们常常利用**间接展开法**,即利用一些已知函数的展开式和幂级数的性质,来求另一些函数的幂级数展开式.

例3 将函数$f(x)=\cos x$展开成x的幂级数.

解 利用幂级数的运算性质,由$\sin x$的展开式

$$\sin x=x-\frac{x^3}{3!}+\frac{x^5}{5!}-\cdots+(-1)^n\frac{x^{2n+1}}{(2n+1)!}+\cdots,\quad x\in(-\infty,+\infty).$$

逐项求导得

$$\cos x=1-\frac{x^2}{2!}+\frac{x^4}{4!}-\cdots+(-1)^n\frac{x^{2n}}{(2n)!}+\cdots,\quad x\in(-\infty,+\infty).$$

综合利用直接展开法和间接展开法,还可得到函数$f(x)=(1+x)^\alpha$($\alpha\in\mathbf{R}$)的幂级数展开式:

$$(1+x)^\alpha=1+\alpha x+\cdots+\frac{\alpha(\alpha-1)\cdots(\alpha-n+1)}{n!}x^n+\cdots,\quad x\in(-1,1).$$

此展开式也通常称为**牛顿二项式展开式**.其端点的收敛性与α有关,当$\alpha\leqslant-1$时,收敛域为$(-1,1)$;当$-1<\alpha<0$时,收敛域为$(-1,1]$;当$\alpha>0$时,收敛域为$[-1,1]$.

特别地,当$\alpha=-1$时,该展开式就是我们熟悉的等比级数:

$$\frac{1}{1+x}=\sum_{n=0}^{\infty}(-1)^nx^n=1-x+x^2-x^3+\cdots+(-1)^nx^n+\cdots,\quad x\in(-1,1).\tag{3-10}$$

例4 将函数$f(x)=\ln(1+x)$展开成x的幂级数.

解 因为$f'(x)=\frac{1}{1+x}$,利用式(3-10),将其两端从0到x逐项积分,得

$$\ln(1+x)=\int_0^x\frac{\mathrm{d}t}{1+t}=x-\frac{x^2}{2}+\frac{x^3}{3}-\cdots+(-1)^n\frac{x^{n+1}}{n+1}+\cdots,\quad x\in(-1,1].$$

上式对$x=1$也成立.因为上式右端的幂级数当$x=1$时收敛,而上式左端的函数$\ln(1+x)$在$x=1$处有定义且连续.

例5 将$f(x)=\frac{1}{1+x^2}$展开成x的幂级数.

解 由式(3-10),可得

$$\frac{1}{1-x}=\sum_{n=0}^{\infty}x^n,\quad -1<x<1.$$

于是

$$\frac{1}{1+x^2}=\frac{1}{1-(-x^2)}=\sum_{n=0}^{\infty}(-x^2)^n=\sum_{n=0}^{\infty}(-1)^n x^{2n},\quad -1<x<1.$$

例 6 将$\frac{1}{x}$展开成 $x-3$ 的幂级数.

解 因为

$$\frac{1}{x}=\frac{1}{3+(x-3)}=\frac{1}{3}\frac{1}{1+\frac{x-3}{3}},$$

利用式(3-10),当$-1<\frac{x-3}{3}<1$,即 $0<x<6$ 时,有

$$\frac{1}{x}=\frac{1}{3}\left[1-\frac{x-3}{3}+\frac{(x-3)^2}{9}+\cdots+(-1)^n\frac{(x-3)^n}{3^n}+\cdots\right]=\frac{1}{3}\sum_{n=0}^{\infty}(-1)^n\frac{(x-3)^n}{3^n}.$$

例 7 将$\frac{1}{x^2+3x+2}$展开成 $x-1$ 的幂级数.

解 因为

$$\begin{aligned}\frac{1}{x^2+3x+2}&=\frac{1}{x+1}-\frac{1}{x+2}=\frac{1}{2+(x-1)}-\frac{1}{3+(x-1)}\\&=\frac{1}{2}\cdot\frac{1}{1+\frac{x-1}{2}}-\frac{1}{3}\cdot\frac{1}{1+\frac{x-1}{3}}\\&=\frac{1}{2}\sum_{n=0}^{\infty}\left(-\frac{x-1}{2}\right)^n-\frac{1}{3}\sum_{n=0}^{\infty}\left(-\frac{x-1}{3}\right)^n\\&=\sum_{n=0}^{\infty}(-1)^n\left[\frac{1}{2^{n+1}}-\frac{1}{3^{n+1}}\right](x-1)^n,\end{aligned}$$

其中展开式中的 x 满足:$-1<\frac{x-1}{2}<1$ 且$-1<\frac{x-1}{3}<1$,即$-1<x<3$.

现将几个常用的函数的幂级数展开式列在下面,以便于读者查用.

$$e^x=\sum_{n=0}^{\infty}\frac{x^n}{n!}=1+x+\frac{1}{2!}x^2+\cdots+\frac{1}{n!}x^n+\cdots,\quad x\in(-\infty,+\infty).$$

$$\sin x=\sum_{n=0}^{\infty}\frac{(-1)^n}{(2n+1)!}x^{2n+1}=x-\frac{1}{3!}x^3+\cdots+(-1)^n\frac{x^{2n+1}}{(2n+1)!}+\cdots,\quad x\in(-\infty,+\infty).$$

$$\cos x=\sum_{n=0}^{\infty}\frac{(-1)^n}{(2n)!}x^{2n}=1-\frac{x^2}{2!}+\frac{x^4}{4!}-\cdots+(-1)^n\frac{x^{2n}}{(2n)!}+\cdots,\quad x\in(-\infty,+\infty).$$

$$\ln(1+x)=\sum_{n=1}^{\infty}\frac{(-1)^{n-1}}{n}x^n=x-\frac{x^2}{2}+\frac{x^3}{3}-\frac{x^4}{4}+\cdots+(-1)^n\frac{x^{n+1}}{n+1}+\cdots,\quad x\in(-1,1].$$

$$(1+x)^\alpha=1+\alpha x+\cdots+\frac{\alpha(\alpha-1)\cdots(\alpha-n+1)}{n!}x^n+\cdots,\quad x\in(-1,1).$$

$$\arctan x=x-\frac{1}{3}x^3+\frac{1}{5}x^5-\cdots+(-1)^n\frac{x^{2n+1}}{2n+1}+\cdots,\quad x\in[-1,1].$$

3.5.3 函数幂级数展开的应用举例

幂级数展开式的应用很广泛，例如可利用它来对某些数值或定积分值等进行近似计算.

例 8 计算 $\int_0^1 \frac{\sin x}{x}\mathrm{d}x$ 的近似值，精确到 10^{-4}.

解 利用 $\sin x$ 的幂级数展开式，得

$$\frac{\sin x}{x}=1-\frac{1}{3!}x^2+\frac{1}{5!}x^4-\frac{1}{7!}x^6+\cdots,\quad x\in(-\infty,+\infty).$$

所以

$$\int_0^1 \frac{\sin x}{x}\mathrm{d}x=1-\frac{1}{3\cdot 3!}+\frac{1}{5\cdot 5!}-\frac{1}{7\cdot 7!}+\cdots.$$

这是收敛的交错级数，因其第 4 项 $\frac{1}{7\cdot 7!}<\frac{1}{30000}<10^{-4}$，故取前 3 项作为积分的近似值，得

$$\int_0^1 \frac{\sin x}{x}\mathrm{d}x\approx 1-\frac{1}{3\cdot 3!}+\frac{1}{5\cdot 5!}\approx 0.9461.$$

例 9 计算 $I=\int_0^1 \mathrm{e}^{-x^2}\mathrm{d}x$，精确到 10^{-4}.

解 因为

$$\mathrm{e}^{-x^2}=1-\frac{x^2}{1!}+\frac{x^4}{2!}-\frac{x^6}{3!}+\cdots,\quad x\in(-\infty,+\infty).$$

在区间[0,1]上逐项积分得

$$I=\int_0^1 \mathrm{e}^{-x^2}\mathrm{d}x=1-\frac{1}{3}+\frac{1}{10}-\frac{1}{42}+\frac{1}{216}-\frac{1}{1320}+\frac{1}{9360}-\frac{1}{75600}+\cdots,$$

这是交错级数，因其第 8 项 $\frac{1}{75600}<1.5\times 10^{-5}$，故取前 7 项作为积分的近似值，得

$$\int_0^1 \mathrm{e}^{-x^2}\mathrm{d}x\approx 0.7486.$$

习题 3.5

1. 将下列函数展开成 x 的幂级数，并确定其收敛域：

(1) $\frac{\mathrm{e}^x-1}{x}$； (2) 2^x；

(3) $\ln(3+x)$； (4) $\cos^2 x$；

(5) $\frac{1}{x+5}$； (6) $\frac{1}{4-x}$；

(7) $\frac{3x}{x^2+5x+6}$； (8) $\frac{x}{1+x^2}$.

2. 将 $\frac{1}{x^2-5x+4}$ 展开成 $x-5$ 的幂级数.

3. 将 $\frac{1}{x^2+4x+3}$ 展开成 $x-1$ 的幂级数.

4. 利用函数的幂级数展开式，求函数 $\sqrt{\mathrm{e}}$ 的近似值，精确到 0.001.

提高题

1. 将函数 $f(x)=\frac{1}{x^2}$展开成 $x-2$ 的幂级数.

2. 将 $f(x)=\frac{x-1}{4-x}$展开成 $x-1$ 的幂级数,并求 $f^{(n)}(1)$.

3. 用 $\ln(1-x)$的展开式,求:(1) $\sum_{n=1}^{\infty}\frac{x^n}{n4^n}$ 的和函数;(2) $\sum_{n=1}^{\infty}(-1)^{n+1}\frac{1}{n}$ 的和函数.

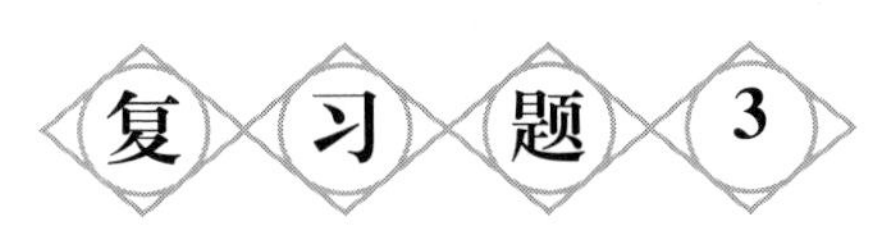

1. 填空题

(1) 级数$\frac{1}{5}-\frac{1}{25}+\frac{1}{125}-\frac{1}{625}-\cdots+$的一般项是________.

(2) 设 a 为常数,若级数 $\sum_{n=1}^{\infty}(u_n-a)$ 收敛,则$\lim_{n\to\infty}u_n=$________.

(3) 级数 $\sum_{n=0}^{\infty}\frac{(\ln 3)^n}{2^n}$ 的和为________.

(4) 幂级数 $\sum_{n=0}^{\infty}(-1)^n\frac{1}{\sqrt{n^3}}x^n$ 的收敛域为________.

(5) 幂级数 $\sum_{n=1}^{\infty}\frac{1}{\sqrt{n}}(x-2)^n$ 的收敛域为________.

(6) 函数 $f(x)=\frac{1}{x}$展成 $x-1$ 的幂级数为________.

(7) 已知级数 $\sum_{n=1}^{\infty}(-1)^{n-1}u_n=2$, $\sum_{n=1}^{\infty}u_{2n-1}=5$,则级数$\sum_{n=1}^{\infty}u_n=$________.

(8) 设 $\sum_{n=1}^{\infty}u_n$ 收敛,且 $v_n=\frac{1}{u_n}$, $\sum_{n=1}^{\infty}v_n$ 的敛散性为________.

2. 选择题

(1) 下列级数收敛的是(　　).

A. $\sum_{n=1}^{\infty}n\sin\frac{1}{n}$　　B. $\sum_{n=1}^{\infty}\frac{\cos n}{2^n}$　　C. $\sum_{n=1}^{\infty}(-1)^n\frac{3^n}{2^n}$　　D. $\sum_{n=1}^{\infty}\frac{1}{\sqrt[3]{n^2}}$

(2) 若幂级数 $\sum_{n=0}^{\infty}a_n(x-1)^n$ 在 $x=-1$ 处收敛,则此级数在 $x=2$ 处(　　).

A. 可能收敛也可能发散　　B. 发散

C. 条件收敛　　D. 绝对收敛

(3) 已知$\frac{1}{1+x}=1-x+x^2-x^3+\cdots$,则$\frac{1}{1+x^2}$展开为 x 的幂级数为(　　).

A. $1+x^2+x^4+\cdots$　　B. $-1+x^2-x^4+\cdots$

C. $1-x^2+x^4-x^6+\cdots$　　D. $-1-x^2-x^4+\cdots$

(4) 幂级数 $\sum_{n=2}^{\infty}\frac{1}{n!}x^n$ 在收敛区间$(-\infty,+\infty)$内的和函数为(　　).

A. e^x　　B. e^x+1　　C. e^x-1　　D. e^x-x-1

(5) 级数 $\sum_{n=1}^{\infty}u_n$ 收敛,则下列命题正确的是(　　).

A. $S_n=u_1+u_2+\cdots+u_n, \lim_{n\to\infty}S_n=0$　　B. $\lim_{n\to\infty}u_n\neq 0$

C. $S_n=u_1+u_2+\cdots+u_n, \lim_{n\to\infty}S_n$ 存在　　D. $S_n=u_1+u_2+\cdots+u_n, \{S_n\}$单调

(6) 下列命题中错误的是(　　).

A. 若 $\sum_{n=1}^{\infty}u_n$ 与 $\sum_{n=1}^{\infty}v_n$ 都收敛,则 $\sum_{n=1}^{\infty}(u_n+v_n)$ 必定收敛

B. 若 $\sum_{n=1}^{\infty}u_n$ 收敛,$\sum_{n=1}^{\infty}v_n$ 发散,则 $\sum_{n=1}^{\infty}(u_n+v_n)$ 必定发散

C. 若 $\sum_{n=1}^{\infty}u_n$ 发散,$\sum_{n=1}^{\infty}v_n$ 发散,则 $\sum_{n=1}^{\infty}(u_n+v_n)$ 不一定发散

D. 若 $\sum_{n=1}^{\infty}(u_n+v_n)$ 收敛,则 $\sum_{n=1}^{\infty}u_n$ 与 $\sum_{n=1}^{\infty}v_n$ 必定收敛

(7) 对于级数 $\sum_{n=1}^{\infty}(-1)^{n-1}u_n$,其中 $u_n>0(n=1,2,\cdots)$,则下列命题正确的是(　　).

A. 如果 $\sum_{n=1}^{\infty}(-1)^{n-1}u_n$ 收敛,则 $\sum_{n=1}^{\infty}u_n$ 必为条件收敛

B. 如果 $\sum_{n=1}^{\infty}u_n$ 收敛,则 $\sum_{n=1}^{\infty}(-1)^{n-1}u_n$ 为绝对收敛

C. 如果 $\sum_{n=1}^{\infty}u_n$ 发散,则 $\sum_{n=1}^{\infty}(-1)^{n-1}u_n$ 必发散

D. 如果 $\sum_{n=1}^{\infty}(-1)^{n-1}u_n$ 收敛,则 $\sum_{n=1}^{\infty}u_n$ 必收敛

3. 判别下列级数的收敛性,若收敛则求其和:

(1) $\sum_{n=1}^{\infty}\frac{1+2^n}{3^n}$;　　(2) $\sum_{n=1}^{\infty}\frac{1}{n(n+1)(n+2)}$.

4. 判别下列正项级数的敛散性:

(1) $\sum_{n=1}^{\infty}\arctan\frac{1}{2n^2}$;　　(2) $\sum_{n=1}^{\infty}\left(\frac{n}{3n+1}\right)^n$;

(3) $\sum_{n=1}^{\infty}\frac{n!}{100^n}$;　　(4) $\sum_{n=1}^{\infty}\sqrt{\frac{n+1}{2n}}$;

(5) $\sum_{n=1}^{\infty}\frac{n+(-1)^n}{2^n}$;　　(6) $\sum_{n=1}^{\infty}\int_0^{\frac{1}{n}}\frac{\sqrt{x}}{1+x^4}dx$.

5. 讨论下列级数的绝对收敛性与条件收敛性:

(1) $\sum_{n=1}^{\infty}(-1)^n\frac{\cos\frac{e}{n+1}}{e^{n+1}}$;　　(2) $\frac{1}{2}-\frac{2}{2^2+1}+\frac{3}{3^2+1}-\frac{4}{4^2+1}+\cdots$;

(3) $\sum_{n=1}^{\infty}(-1)^n n\sin\frac{1}{n^3}$;　　(4) $\sum_{n=1}^{\infty}(-1)^{n-1}\frac{n+1}{n^2+n+1}$.

6. 求下列幂级数的收敛半径和收敛域：

(1) $\sum_{n=1}^{\infty}\frac{3^n}{\sqrt{n}}x^n$；　　(2) $\sum_{n=0}^{\infty}\frac{x^n}{2^n n^2}$；

(3) $\sum_{n=1}^{\infty}\frac{1}{2^n n}(x-1)^n$；　　(4) $\sum_{n=1}^{\infty}\frac{1}{2^{n-1}}x^{2n+1}$.

7. 求下列级数的和函数：

(1) $\sum_{n=1}^{\infty}(-1)^n\frac{x^n}{n}$；　　(2) $\sum_{n=1}^{\infty}2nx^{2n-1}$.

8. 将下列函数展开成 x 的幂级数：

(1) $\sin\frac{x}{3}$；　　(2) $x^2\mathrm{e}^{-x}$；　　(3) $\frac{1}{x^2-3x+2}$.

9. 将下列函数在指定点处展开成幂级数，并求其收敛域：

(1) $\frac{1}{2-x}$，在 $x_0=1$ 处；　　(2) $\frac{1}{x^2+5x+6}$，在 $x_0=2$ 处.

10. 设正项级数 $\sum_{n=1}^{\infty}u_n$ 和正项级数 $\sum_{n=1}^{\infty}v_n$ 都收敛，证明级数 $\sum_{n=1}^{\infty}(u_n+v_n)^2$ 收敛.

1. 填空题

(1) 级数 $1+\frac{1}{3}+\frac{1}{5}+\frac{1}{7}+\cdots+$ 的一般项是________.

(2) 级数 $\sum_{n=0}^{\infty}ar^n$ 当 $|r|<1$ 是________(收敛，发散)，此时 $\sum_{n=0}^{\infty}ar^n=$ ________，而当 $|r|\geqslant 1$ 时，级数 $\sum_{n=0}^{\infty}ar^n$ 是________(收敛，发散).

(3) 幂级数 $\sum_{n=1}^{\infty}\frac{n}{2^n+(-3)^n}x^{2n-1}$ 的收敛半径为________.

(4) 设幂级数 $\sum_{n=1}^{\infty}a_n(1+x)^n$ 在 $x=3$ 条件收敛，则该级数的收敛半径为________.

(5) 函数 $f(x)=\frac{1}{1+2x}$ 展成 x 的幂级数为________.

2. 选择题

(1) 设 α 为常数，则级数 $\sum_{n=1}^{\infty}\left[\frac{\sin n\alpha}{n^2}-\frac{1}{\sqrt{n}}\right]$(　　).

A. 绝对收敛　　B. 发散

C. 条件收敛　　D. 敛散性与 α 取值有关

(2) 设 $u_n=(-1)^n\ln\left(1+\frac{1}{\sqrt{n}}\right)$，则(　　).

A. $\sum_{n=1}^{\infty}u_n$ 与 $\sum_{n=1}^{\infty}u_n^2$ 都收敛　　B. $\sum_{n=1}^{\infty}u_n$ 与 $\sum_{n=1}^{\infty}u_n^2$ 都发散

C. $\sum_{n=1}^{\infty} u_n$ 收敛，而 $\sum_{n=1}^{\infty} u_n^2$ 发散　　D. $\sum_{n=1}^{\infty} u_n$ 发散，$\sum_{n=1}^{\infty} u_n^2$ 收敛

(3) 设 $\sum_{n=1}^{\infty}(-1)^n a_n$ 条件收敛，则(　　).

A. $\sum_{n=1}^{\infty} a_n$ 收敛　　B. $\sum_{n=1}^{\infty} a_n$ 发散

C. $\sum_{n=1}^{\infty}(a_n - a_{n+1})$ 收敛　　D. $\sum_{n=1}^{\infty} a_{2n}$ 和 $\sum_{n=1}^{\infty} a_{2n+1}$ 都收敛

(4) 设级数 $\sum_{n=1}^{\infty} u_n$ 收敛，则必定收敛的级数为(　　).

A. $\sum_{n=1}^{\infty}(-1)^n \frac{u_n}{n}$　　B. $\sum_{n=1}^{\infty} u_n^2$

C. $\sum_{n=1}^{\infty}(u_{2n-1} - u_{2n})$　　D. $\sum_{n=1}^{\infty}(u_n + u_{n-1})$

(5) 若 $\sum_{n=1}^{\infty} a_n(x-1)^n$ 在 $x=-2$ 处收敛，则此级数在 $x=-1$ 处(　　).

A. 条件收敛　　B. 绝对收敛　　C. 发散　　D. 收敛性不确定

(6) 级数 $\sum_{n=1}^{\infty} u_n$ 收敛的(　　)是 $\lim\limits_{n\to\infty} u_n = 0$.

A. 充分条件　　B. 必要条件

C. 充分必要条件　　D. 无法确定

3. 判别下列级数的敛散性：

(1) $\sum_{n=1}^{\infty} \frac{1}{2n(2n+2)}$；　　(2) $\sum_{n=1}^{\infty}\left(\frac{1}{3^n} + \frac{1}{5^n}\right)$；

(3) $\sum_{n=1}^{\infty} \frac{n^4}{n!}$；　　(4) $\sum_{n=1}^{\infty}\left(\frac{n}{3n+1}\right)^n$.

4. 讨论下列级数的绝对收敛性与条件收敛性：

(1) $\sum_{n=1}^{\infty}(-1)^n \frac{1}{\ln(n+1)}$；　　(2) $\sum_{n=1}^{\infty}(-1)^n \frac{(n+1)!}{n^{n+1}}$.

5. 求下列幂级数的收敛域：

(1) $\sum_{n=1}^{\infty} \frac{2^n}{n^2+1} x^n$；　　(2) $\sum_{n=1}^{\infty}(-1)^n \frac{x^{2n+2}}{2n+1}$.

6. 求级数 $\sum_{n=1}^{\infty} n x^{2n}$ 的和函数.

7. 将函数 $\frac{1}{x^2+3x+2}$ 展成 $x-1$ 幂级数，并确定其收敛域.

第4章

常微分方程

Differential Equations

在自然界的很多实际问题中，往往需要寻求某些变量之间的函数关系，然而变量之间的函数关系往往很难直接得到，反而比较容易建立这些变量与它们的导数或微分之间的关系，从而得到一类联系着自变量、未知函数以及未知函数导数或微分的方程，即微分方程. 通过求解微分方程，便可找到未知变量之间的函数关系. 在现实世界中的很多问题都可抽象为微分方程问题，例如经济的增长、人口的增长、物体的冷却、电磁波的传播等都可归结为微分方程问题. 微分方程理论在几何学、生物数学、经济管理、流体力学、天文学、物理学等科学领域都具有广泛的应用，它是数学及其他学科研究的强有力工具.

本章主要介绍常微分方程的基本概念，几种常用的一阶、二阶微分方程的解法，以及线性微分方程解的性质及解的结构.

4.1 微分方程的基本概念

4.1.1 微分方程的定义

在生物数学、经济管理、几何学、物理学等学科领域中，很多事物之间的联系可用微分方程表述出来. 下面通过具体的例子来说明微分方程的基本概念.

例1 求过点(0,1)且切线的斜率为 $4x$ 的曲线方程.

解 设所求曲线方程为 $y=f(x)$，则由导数的几何意义知，在点 (x,y) 处有

$$\frac{\mathrm{d}y}{\mathrm{d}x}=4x. \tag{4-1}$$

将式(4-1)两端积分，得

$$y=\int 4x\mathrm{d}x=2x^2+C, \tag{4-2}$$

其中 C 是任意常数. 又因为曲线过点(0,1)，所以函数 $y=f(x)$ 还应满足下列条件：

$$\text{当 } x=0 \text{ 时}，\quad y=1. \tag{4-3}$$

将其代入式(4-2)，得

$$C=1.$$

故所求曲线的方程为

$$y = 2x^2 + 1. \tag{4-4}$$

例 2　一个质量为 m 的物体以初速度 v_0 垂直上抛,设此物体的运动只受重力的影响,试确定该物体运动的路程 s 与时间 t 的函数关系.

解　因为物体运动的加速度是路程 s 对时间 t 的二阶导数,且物体运动只受重力的影响,所以由牛顿第二定律知所求函数 $s=s(t)$ 应满足

$$\frac{\mathrm{d}^2 s}{\mathrm{d}t^2} = -g, \tag{4-5}$$

其中 g 为重力加速度,取垂直向上的方向为正方向.

将式(4-5)两端同时对 t 积分,得

$$\frac{\mathrm{d}s}{\mathrm{d}t} = -gt + C_1. \tag{4-6}$$

将式(4-6)两端同时对 t 积分,得

$$s = -\frac{1}{2}gt^2 + C_1 t + C_2, \tag{4-7}$$

其中 C_1, C_2 为任意常数. 如果假设物体开始上抛时的路程为 s_0,则函数 $s=s(t)$ 还应满足下列条件:

$$\begin{cases} s(0) = s_0, \\ s'(0) = v_0. \end{cases} \tag{4-8}$$

把条件式(4-8)代入式(4-6)和式(4-7),得 $C_1=v_0, C_2=s_0$,于是有

$$s = -\frac{1}{2}gt^2 + v_0 t + s_0. \tag{4-9}$$

定义 1　含有未知函数的导数或微分的方程称为**微分方程**(differential equation). 未知函数为一元函数的微分方程称为**常微分方程**(ordinary differential equation);未知函数为多元函数,从而出现偏导数的微分方程,称为**偏微分方程**.

如在例 1 中的方程(4-1)和例 2 中的方程(4-5)都是常微分方程. 而下面的方程

$$y\frac{\partial z}{\partial x} - x\frac{\partial z}{\partial y} = 0 \quad 和 \quad \frac{\partial^2 u}{\partial x^2} + \frac{\partial^2 u}{\partial y^2} + \frac{\partial^2 u}{\partial z^2} = 0$$

都是偏微分方程. 本章我们只讨论常微分方程,为叙述简单起见,以下将常微分方程简称微分方程.

定义 2　微分方程中出现的未知函数的最高阶导数的阶数称为微分方程的**阶**(order).

如例 1 中的方程(4-1)是一阶微分方程,例 2 中的方程(4-5)是二阶微分方程. 又如方程

$$y''' + (y')^4 - 7y = \sin x \tag{4-10}$$

是三阶微分方程.

一般地,n 阶微分方程的一般形式为

$$F(x, y, y', \cdots, y^{(n)}) = 0, \tag{4-11}$$

其中 x 为自变量,$y=y(x)$ 为未知函数. 在方程(4-11)中 $y^{(n)}$ 必须出现,而 $x, y, y', \cdots, y^{(n-1)}$ 等变量则可以不出现. 例如 n 阶微分方程 $y^{(n)}+2=0$ 中,其余变量都未出现.

如果方程(4-11)中含有的未知函数及其各阶导数都是一次方的,则称方程(4-11)为 n **阶线性微分方程**,否则称方程(4-11)为非线性的. n 阶线性微分方程的一般形式为

$$a_0(x)y^{(n)}+a_1(x)y^{(n-1)}+\cdots+a_n(x)y=f(x),$$

其中 $a_0(x),a_1(x),\cdots,a_n(x),f(x)$ 均为自变量 x 的已知函数，且 $a_0(x)\neq 0$.

例如方程(4-1)为一阶线性微分方程，方程(4-5)是二阶线性微分方程，而方程(4-10)是三阶非线性微分方程.

4.1.2 常微分方程的解

在研究实际问题时，建立微分方程的目的，就是要找出满足方程的未知函数，于是有下面的定义.

定义 3 如果将已知函数 $y=\varphi(x)$ 代入方程(4-11)后，能使其成为恒等式，则称函数 $y=\varphi(x)$ 是方程(4-11)的**解**(solution). 如果由关系式 $\Phi(x,y)=0$ 确定的隐函数是方程(4-11)的解，则称 $\Phi(x,y)=0$ 为方程(4-11)的隐式解.

为今后叙述简便起见，将对微分方程的解和隐式解不再加以区别，统称为方程的解.

如例 1 中，式(4-2)和式(4-4)都是微分方程(4-1)的解；在例 2 中，式(4-7)和式(4-9)都是微分方程(4-5)的解.

定义 4 若微分方程的解中所含(独立的)任意常数的个数与微分方程的阶数相等，则称这个解为方程的**通解**(general solution). 在通解中给任意常数以确定的值得到的解，称为微分方程的**特解**.

注 在通解中所说的独立的任意常数，是指不能通过合并而使这些任意常数的个数减少.

如例 1 中，式(4-2)是微分方程(4-1)的通解，而式(4-4)是其特解；在例 2 中，式(4-7)是微分方程(4-5)的通解，而式(4-9)是其特解.

在很多实际问题中，常常还需要求满足某些附加条件的解，由这些附加条件就可以确定通解中的任意常数，这类附加条件称为**初始条件**(initial condition).

例如，条件(4-3)和条件(4-8)分别是微分方程(4-1)和微分方程(4-5)的初始条件.

对于一阶微分方程，其通解中有一个独立的任意常数，通常用来确定任意常数的初始条件表示为：当 $x=x_0$ 时，$y=y_0$，或 $y(x_0)=y_0$，其中 x_0 和 y_0 是给定的数值.

对于二阶微分方程，其通解中有两个独立的任意常数，通常用来确定任意常数的初始条件表示为：$y(x_0)=y_0, y'(x_0)=y_1$；或写成 $y|_{x=x_0}=y_0, y'|_{x=x_0}=y_1$. 其中 x_0,y_0,y_1 是给定的数值.

一般地，要确定 n 阶微分方程(4-11)的某个特解，应有 n 个初始条件. 常将初始条件表示为

$$y(x_0)=y_0,\quad y'(x_0)=y_1,\quad \cdots,\quad y^{(n-1)}(x_0)=y_{n-1},$$

其中 $x_0,y_0,y_1,\cdots,y_{n-1}$ 为 $n+1$ 个给定的数值.

求微分方程满足某初始条件的解的问题，称为**初值问题**(initial value problem).

例 3 验证函数 $y=\mathrm{C}e^x+1$ 是微分方程

$$y'-y+1=0 \tag{4-12}$$

的通解，并求满足初始条件 $y(0)=2$ 的特解.

解 因为

$$y'=\mathrm{C}e^x,$$

所以将其代入方程(4-12)的左端可得

$$y'-y+1=Ce^x-Ce^x-1+1=0.$$

因此，函数 $y=Ce^x+1$ 是方程(4-12)的解，又因为函数中含有一个独立的任意常数，且方程(4-12)为一阶微分方程，所以函数 $y=Ce^x+1$ 是方程(4-12)的通解.

再将初始条件 $y(0)=2$ 代入通解 $y=Ce^x+1$，得

$$2=Ce^0+1,$$

解得 $C=1$，故所求特解为 $y=e^x+1$.

习题 4.1

1. 试指出下列各微分方程的阶数：

(1) $y^{(13)}+y^{10}(y')^2+50y-7\sin x=0$；　　(2) $(y'')^3+5(y')^4-y^5+x^7=0$；

(3) $x(y')^2-2yy'+x=0$；　　(4) $(x^2-y^2)dx+(x^2+y^2)dy=0$.

2. 指出下列各题中的函数是否为所给微分方程的解：

(1) $y=e^{-x^2}$，$\frac{dy}{dx}=-2xy$；　　(2) $y=\arctan(x+y)+C$，$y'=\frac{1}{(x+y)^2}$；

(3) $y=xe^x$，$y''-2y'+y=0$；　　(4) $y=e^x+e^{-x}$，$y''+3y'+y=0$.

3. 确定函数 $y=C_1e^x+C_2e^{-x}$ 中的参数，使其满足初始条件 $y(0)=1$，$y'(0)=0$.

4. 验证 $y=Cx^3$ 是方程 $3y-xy'=0$ 的通解(C 为任意常数)，并求满足初始条件 $y(1)=\frac{1}{3}$ 的特解.

提高题

1. 写出由下列条件确定的曲线所满足的微分方程与初始条件：已知曲线过点(−1,1)且曲线上任一点处的切线与 Ox 轴交点的横坐标等于切点的横坐标的平方.

2. 判断下列各题中的函数是否为所给微分方程的解.若是，试指出是通解还是特解(其中 C 为任意常数).

(1) $(x-2y)y'=2x-y$，$x^2-xy+y^2=0$；

(2) $y=xy'+f(y')$，$y=Cx+f(C)$.

4.2 一阶常微分方程

一阶微分方程是微分方程中最基本的一类方程，它的一般形式为

$$F(x,y,y')=0,\quad 或\quad y'=f(x,y).$$

本节将介绍几种特殊类型的一阶微分方程的解法，包括可分离变量的微分方程、齐次方程和一阶线性微分方程.

4.2.1 可分离变量的常微分方程

如果一阶微分方程能化成形如

$$g(y)dy=f(x)dx \tag{4-13}$$

的形式,那么原方程称为**可分离变量的微分方程**.

注 可分离变量的微分方程的特点:能把方程写成一端只含 y 的函数和 $\mathrm{d}y$,另一端只含 x 的函数和 $\mathrm{d}x$ 的形式,即变量可分离.

例如,形如$\frac{\mathrm{d}y}{\mathrm{d}x}=h(x)\varphi(y)$或 $M_1(x)M_2(y)\mathrm{d}x=N_1(x)N_2(y)\mathrm{d}y$ 的一阶微分方程,均可化为形如式(4-13)的形式,故它们都是可分离变量的微分方程.

要解这类方程,先把原方程化为式(4-13)的形式,称为**分离变量**,再对式(4-13)两边积分,便可得到方程的通解,即

$$\int g(y)\mathrm{d}y=\int f(x)\mathrm{d}x+C,$$

其中 $\int g(y)\mathrm{d}y$,$\int f(x)\mathrm{d}x$ 分别表示 $g(y)$,$f(x)$的一个具体的原函数,C 是任意常数. 这种求解可分离变量的方程的方法称为**分离变量法**.

例 1 求微分方程 $y'=xy$ 的通解.

解 原方程是可分离变量的,分离变量得

$$\frac{\mathrm{d}y}{y}=x\mathrm{d}x,\quad y\neq 0,$$

两边积分得

$$\int\frac{\mathrm{d}y}{y}=\int x\mathrm{d}x,$$

解得

$$\ln|y|=\frac{x^2}{2}+C_1,$$

所以

$$y=\pm\mathrm{e}^{\frac{x^2}{2}+C_1}=\pm\mathrm{e}^{C_1}\mathrm{e}^{\frac{x^2}{2}},$$

令 $C=\pm\mathrm{e}^{C_1}$,得

$$y=C\mathrm{e}^{\frac{x^2}{2}}\quad(C\neq 0).$$

然而,$y=0$ 也是题设方程的解,它可视为上式取 $C=0$ 的情形,故所求方程的通解为

$$y=C\mathrm{e}^{\frac{x^2}{2}},$$

其中 C 为任意常数.

注 在用分离变量法解可分离变量的微分方程时,比如求解$\frac{\mathrm{d}y}{\mathrm{d}x}=h(x)\varphi(y)$,在分离变量的过程中,我们主要关心 $\varphi(y)\neq 0$ 的情况,用 $\varphi(y)$除方程两边,分离变量后求其通解. 而对于 $\varphi(y)=0$ 的情况,不妨设 $\varphi(y_0)=0$,则 $y=y_0$ 显然也是该方程的解,它是方程的一个特解. 此外,有时通过扩大在$\varphi(y)\neq 0$ 的情况下求得的通解中任意常数 C 的取值范围,此解也包含在其中. 所以未通解时对于$\varphi(y)=0$ 的情况通常不另外考虑.

例 2 求微分方程 $2\mathrm{d}x+x\mathrm{d}y=y\mathrm{d}x+\mathrm{d}y$ 的通解,并求满足初始条件 $y(0)=1$ 的特解.

解 先合并 $\mathrm{d}x$ 及 $\mathrm{d}y$ 的各项,得

$$(x-1)\mathrm{d}y=(y-2)\mathrm{d}x.$$

分离变量得

$$\frac{1}{y-2}\mathrm{d}y = \frac{1}{x-1}\mathrm{d}x.$$

两端积分

$$\int \frac{1}{y-2}\mathrm{d}y = \int \frac{1}{x-1}\mathrm{d}x,$$

解得

$$\ln|y-2| = \ln|x-1| + \ln|C_1|.$$

于是所求方程的通解为

$$y-2 = C(x-1),$$

其中 C 为任意常数.

又由 $y(0)=1$,将其代入通解中得

$$1-2 = C(0-1), \quad 解得 \quad C=1,$$

则满足初始条件的特解为

$$y = x+1.$$

例 3 马尔萨斯生物总数增长定律指出:在孤立的生物群体中,生物总数 $N(t)$ 的变化率与生物总数成正比,且当 $t=0$ 时,$N=N_0$,求生物总数与时间 t 的函数关系.

解 依题意,有

$$\frac{\mathrm{d}N(t)}{\mathrm{d}t} = kN(t), \quad k>0, \tag{4-14}$$

并满足初始条件 $N|_{t=0}=N_0$.

方程(4-14)是可分离变量的,将其分离变量后得

$$\frac{\mathrm{d}N}{N} = k\mathrm{d}t.$$

两边积分,得

$$\ln N = kt + \ln|C_1|, \quad 即 \quad N = Ce^{kt}.$$

将初始条件 $N|_{t=0}=N_0$ 代入上式,得 $C=N_0$,故生物总数与时间 t 的函数关系可表示为

$$N(t) = N_0 \mathrm{e}^{kt}.$$

由此例也可以看出,生物的总数随时间按指数方式增长,人作为特殊的生物种群,人口的增长也应满足马尔萨斯生物总数增长定律,此时式(4-14)也称为马尔萨斯人口方程,在人口预测中起着重要的作用.

一般地,利用微分方程解决实际问题的步骤为:

(1) 利用问题的性质建立微分方程,并写出初始条件;

(2) 利用数学方法求出方程的通解;

(3) 利用初始条件确定通解中任意常数的值,求出特解.

4.2.2 齐次方程

形如

$$\frac{\mathrm{d}y}{\mathrm{d}x} = f\left(\frac{y}{x}\right) \tag{4-15}$$

的一阶微分方程,称为**齐次微分方程**,简称**齐次方程**.

求解齐次方程(4-15),可通过变量替换,化为可分离变量的方程来求解.即令

$$u=\frac{y}{x} \quad 或 \quad y=ux,$$

其中 $u=u(x)$是新的未知函数.对 $y=ux$ 两端同时对 x 求导,得

$$\frac{\mathrm{d}y}{\mathrm{d}x}=u+x\frac{\mathrm{d}u}{\mathrm{d}x}.$$

将其代入方程(4-15),得

$$u+x\frac{\mathrm{d}u}{\mathrm{d}x}=f(u).$$

这是变量可分离的方程,分离变量,并两边积分,得

$$\int\frac{1}{f(u)-u}\mathrm{d}u=\int\frac{1}{x}\mathrm{d}x.$$

求出积分后,将 $u=\frac{y}{x}$代回,便可得齐次方程(4-15)的通解.

例 4 求微分方程 $xy'-y=2x\tan\frac{y}{x}$的通解.

解 原方程可变为

$$y'=2\tan\frac{y}{x}+\frac{y}{x},$$

这是一个齐次方程.令 $y=ux$,则$\frac{\mathrm{d}y}{\mathrm{d}x}=u+x\frac{\mathrm{d}u}{\mathrm{d}x}$,将其代入上式得

$$u+x\frac{\mathrm{d}u}{\mathrm{d}x}=2\tan u+u.$$

分离变量,得

$$\frac{1}{2}\cot u\mathrm{d}u=\frac{\mathrm{d}x}{x},$$

两边积分,得

$$\int\frac{1}{2}\cot u\mathrm{d}u=\int\frac{\mathrm{d}x}{x},$$

解得

$$\ln|\sin u|=2\ln|x|+\ln|C_1|, \quad 即 \quad \sin u=Cx^2.$$

将 $u=\frac{y}{x}$代入上式,便得所求方程的通解为

$$\sin\frac{y}{x}=Cx^2.$$

例 5 求微分方程 $2(xy-y^2)\mathrm{d}x-(x^2-xy)\mathrm{d}y=0$ 的通解.

解 原方程可变形为

$$\frac{\mathrm{d}y}{\mathrm{d}x}=\frac{2(xy-y^2)}{x^2-xy}=\frac{2\left[\frac{y}{x}-\left(\frac{y}{x}\right)^2\right]}{1-\left(\frac{y}{x}\right)}=2\frac{y}{x},$$

这是一个齐次方程.令 $y=ux$,则$\frac{\mathrm{d}y}{\mathrm{d}x}=u+x\frac{\mathrm{d}u}{\mathrm{d}x}$,将其代入上式得

$$u+x\frac{\mathrm{d}u}{\mathrm{d}x}=2u.$$

分离变量，得

$$\frac{1}{u}\mathrm{d}u=\frac{\mathrm{d}x}{x}.$$

两边积分，得

$$\int\frac{1}{u}\mathrm{d}u=\int\frac{\mathrm{d}x}{x},\quad 故\quad u=Cx.$$

将 $u=\frac{y}{x}$ 代入上式，便得所求方程的通解为

$$y=Cx^2.$$

此外，利用变量代换法求解齐次方程的方法还可以用来解其他方程，如求解微分方程

$$\frac{\mathrm{d}y}{\mathrm{d}x}=\frac{1}{y-x}.$$

可作变量代换 $u=y-x$，得

$$\frac{\mathrm{d}u}{\mathrm{d}x}+1=\frac{1}{u},$$

这是可分离变量的方程，因而可以求得通解.

4.2.3 一阶线性常微分方程

形如

$$\frac{\mathrm{d}y}{\mathrm{d}x}+P(x)y=Q(x) \tag{4-16}$$

的微分方程，称为**一阶线性微分方程**，其中 $P(x)$，$Q(x)$ 均为 x 的已知函数. 当 $Q(x)\equiv 0$ 时，方程(4-16)变为

$$\frac{\mathrm{d}y}{\mathrm{d}x}+P(x)y=0 \tag{4-17}$$

称方程(4-17)为**一阶齐次线性微分方程**；相应地，当 $Q(x)$ 不恒等于零时，称方程(4-16)为**一阶非齐次线性微分方程**. 有时也称方程(4-17)为方程(4-16)对应的齐次方程.

1. 一阶齐次线性微分方程的通解

齐次线性微分方程(4-17)是可分离变量的，将其分离变量得

$$\frac{\mathrm{d}y}{y}=-P(x)\mathrm{d}x.$$

两边积分，得

$$\ln|y|=-\int P(x)\mathrm{d}x+\ln C_1.$$

于是，它的通解为

$$y=C\mathrm{e}^{-\int P(x)\mathrm{d}x}. \tag{4-18}$$

2. 一阶非齐次线性微分方程的通解

由于方程(4-17)是方程(4-16)的特殊情况，现在设想非齐次线性微分方程(4-16)也有类似于式(4-18)这种形式的解，并将式(4-18)中的任意常数 C 变异为 x 的函数 $C(x)$，即令

$$y = C(x)\mathrm{e}^{-\int P(x)\mathrm{d}x}, \tag{4-19}$$

确定出 $C(x)$ 之后，便可得非齐次线性微分方程(4-16)的通解.

将函数(4-19)及其导数

$$y' = C'(x)\mathrm{e}^{-\int P(x)\mathrm{d}x} - C(x)P(x)\mathrm{e}^{-\int P(x)\mathrm{d}x}$$

代入方程(4-16)中，得

$$C'(x)\mathrm{e}^{-\int P(x)\mathrm{d}x} - C(x)P(x)\mathrm{e}^{-\int P(x)\mathrm{d}x} + P(x)C(x)\mathrm{e}^{-\int P(x)\mathrm{d}x} = Q(x).$$

即

$$C'(x)\mathrm{e}^{-\int P(x)\mathrm{d}x} = Q(x).$$

因此

$$C'(x) = Q(x)\mathrm{e}^{\int P(x)\mathrm{d}x}.$$

两边积分，得

$$C(x) = \int Q(x)\mathrm{e}^{\int P(x)\mathrm{d}x}\mathrm{d}x + C.$$

把上式代入式(4-19)，便得方程(4-16)的通解

$$y = \mathrm{c}^{-\int P(x)\mathrm{d}x}\left(\int Q(x)\mathrm{c}^{\int P(x)\mathrm{d}x}\mathrm{d}x + C\right). \tag{4-20}$$

上式也可改写为下面两项之和

$$y = C\mathrm{e}^{-\int P(x)\mathrm{d}x} + \mathrm{e}^{-\int P(x)\mathrm{d}x}\int Q(x)\mathrm{e}^{\int P(x)\mathrm{d}x}\mathrm{d}x,$$

即方程(4-16)的通解由两部分组成，其中一部分 $C\mathrm{e}^{-\int P(x)\mathrm{d}x}$ 是对应的齐次方程(4-17)的通解；而另一部分 $\mathrm{e}^{-\int P(x)\mathrm{d}x}\int Q(x)\mathrm{e}^{\int P(x)\mathrm{d}x}\mathrm{d}x$，可以验证是方程(4-16)的一个特解(通解中令 $C=0$ 的情况).

上述将对应的齐次方程通解中的任意常数 C 换成 x 的函数 $C(x)$ 求非齐次方程通解的方法，叫做**常数变易法**.

注 在求解具体的一阶非齐次线性微分方程的通解时，既可用“常数变易法”，也可直接利用公式(4-20)求解. 但熟悉“常数变易法”这种求解的方法更为重要.

例 6 求解微分方程 $y' - y\cot x = 2x\sin x$.

解法 1 常数变易法

对应的齐次线性方程为

$$y' - y\cot x = 0.$$

分离变量，得

$$\frac{1}{y}\mathrm{d}y = \cot x\mathrm{d}x.$$

两边积分，得

$$y = C_1\mathrm{e}^{\int \cot x\mathrm{d}x} = C_1\mathrm{e}^{\ln|\sin x|} = C_1 \mid \sin x \mid.$$

所以，齐次线性方程的通解为

$$y = C\sin x.$$

为求非齐次线性方程的通解，令

$$y=C(x)\sin x,$$

则

$$y'=C'(x)\sin x+C(x)\cos x.$$

将上面两式代入原非齐次线性方程,得

$$C'(x)=2x.$$

两边积分,得

$$C(x)=x^2+C.$$

故所求原微分方程通解为

$$y=(x^2+C)\sin x.$$

解法 2 公式法

令 $P(x)=-\cot x, Q(x)=2x\sin x$,则

$$\begin{aligned} y &= e^{\int \cot x dx}\left(\int 2x\sin x\cdot e^{-\int \cot x dx}dx+C\right)\\ &= e^{\ln|\sin x|}\left(\int 2x\sin x\cdot e^{-\ln|\sin x|}dx+C\right)\\ &= \sin x\cdot\left(\int 2x\sin x\cdot\frac{1}{\sin x}dx+C\right)\\ &= \sin x\cdot\left(\int 2x dx+C\right)\\ &= \sin x\cdot(x^2+C)\end{aligned}$$

为所求的微分方程的通解.

例 7 求微分方程 $x\frac{dy}{dx}+y-e^x=0$ 的通解.

解 该方程是一阶非齐次线性微分方程,可用公式来求解,但应注意 $p(x)\neq 1$. 把方程变形得

$$\frac{dy}{dx}+\frac{1}{x}y=\frac{e^x}{x},$$

则

$$P(x)=\frac{1}{x},\quad Q(x)=\frac{e^x}{x},$$

于是,所求通解为

$$\begin{aligned} y &= e^{-\int P(x)dx}\left(\int Q(x)e^{\int P(x)dx}dx+C\right)\\ &= e^{-\int\frac{1}{x}dx}\left(\int\frac{e^x}{x}\cdot e^{\int\frac{1}{x}dx}dx+C\right)\\ &= e^{-\ln|x|}\left(\int\frac{e^x}{x}e^{\ln|x|}dx+C\right)\\ &= \frac{1}{x}\left(\int\frac{e^x}{x}x\,dx+C\right)\\ &= \frac{1}{x}(e^x+C).\end{aligned}$$

4.2.4 伯努利方程

形如

$$\frac{\mathrm{d}y}{\mathrm{d}x}+P(x)y=Q(x)y^n,\quad n\neq 0,1 \tag{4-21}$$

的方程,称为**伯努利**(Bernoulli)方程.

很多实际问题(如人口增长,细菌繁殖)的数学模型都可归为这类方程. 这类方程是非线性微分方程,但可通过适当的变换,把它化为线性的. 事实上,将方程(4-21)的两边同时除以 y^n,得

$$y^{-n}\frac{\mathrm{d}y}{\mathrm{d}x}+P(x)y^{1-n}=Q(x).$$

再令 $z=y^{1-n}$,则上式化为

$$\frac{1}{1-n}\frac{\mathrm{d}z}{\mathrm{d}x}+P(x)z=Q(x),$$

即

$$\frac{\mathrm{d}z}{\mathrm{d}x}+(1-n)P(x)z=(1-n)Q(x).$$

这是函数 z 关于 x 的一阶线性微分方程,从而可用常数变易法或公式法求出 z,再用 y^{1-n} 代换 z,即得伯努利方程(4-21)的解

$$y^{1-n}=z=\mathrm{e}^{-\int(1-n)P(x)\mathrm{d}x}\left(\int(1-n)Q(x)\mathrm{e}^{\int(1-n)P(x)\mathrm{d}x}\mathrm{d}x+C\right).$$

例 8 求解微分方程 $y'+\frac{y}{x+1}+y^2=0$.

解 原方程不是线性方程,但通过适当的变换,可将它化为线性方程. 将原方程改写为

$$y'+\frac{y}{x+1}=-y^2,$$

这是一个伯努利方程. 将上式两端同时除以 y^2,得

$$y^{-2}\frac{\mathrm{d}y}{\mathrm{d}x}+\frac{1}{x+1}y^{-1}=-1,$$

即

$$-\frac{\mathrm{d}y^{-1}}{\mathrm{d}x}+\frac{1}{x+1}y^{-1}=-1.$$

令 $z=y^{-1}$,则上式变为

$$-\frac{\mathrm{d}z}{\mathrm{d}x}+\frac{1}{x+1}z=-1,$$

这是 z 关于 x 的一阶线性微分方程. 由通解公式(4-20),得通解

$$z=(x+1)[\ln|x+1|+C],$$

所以,原方程通解为

$$\frac{1}{y}=(x+1)[\ln|x+1|+C].$$

习题 4.2

1. 判别下列一阶微分方程的类型,并指出求解方法(不必具体求解):

(1) $\frac{dy}{dx}=5x^3y^2$;　　(2) $(x^2+y^2)y'=2xy$;

(3) $(x+1)\frac{dy}{dx}-xy=e^x(x+1)$;　　(4) $\frac{dy}{dx}-\frac{e^{y^2+3x}}{y}=0$;

(5) $\frac{dy}{dx}-3xy-xy^2=0$;　　(6) $y'=\frac{y}{x+y^3}$.

2. 求下列微分方程的通解:

(1) $(y+1)dx+(x+1)dy=0$;　　(2) $(e^{x+y}-e^x)dx+(e^{x+y}-e^y)dy=0$;

(3) $dx+xydy=y^2dx+ydy$;　　(4) $(x+1)\frac{dy}{dx}+1=2e^{-y}$.

3. 求下列微分方程满足初始条件的特解:

(1) $y'\tan x+y=-3, y\left(\frac{\pi}{2}\right)=0$;　　(2) $\frac{dy}{dx}=-\frac{x(1+y^2)}{y(1+x^2)}, y(1)=1$.

4. 求下列一阶微分方程的通解:

(1) $(x^2+y^2)dx-xydy=0$;　　(2) $y^2+x^2\frac{dy}{dx}=xy\frac{dy}{dx}$;

(3) $\frac{dy}{dx}-\frac{2y}{x+1}=(x+1)^{5/2}$;　　(4) $y'+\frac{1}{x}y=\frac{\sin x}{x}$;

(5) $\sin x\cos y dx-\cos x\sin y dy=0$;　　(6) $x(1+x^2)dy=(y+x^2y-x^2)dx$.

5. 求下列微分方程满足初始条件的特解:

(1) $x\ln x dy+(y-\ln x)dx=0, y(e)=1$;　　(2) $\frac{dy}{dx}-\frac{4}{x}y=x^2\sqrt{y}, y(1)=0$.

提高题

1. 一曲线通过点 $A(0,1)$,且曲线上任意一点 $M(x,y)$ 处的切线在 y 轴上的截距等于原点至 M 点的距离,求该曲线的方程.

2. 已知 $f'(\sin^2 x)=\cos 2x+\tan^2 x$,当 $0<x<1$ 时,证明

$$f(x)=-[x^2+\ln(1-x)]+C.$$

3. 求下列微分方程的通解:

(1) $(x-2xy-y^2)dy+y^2dx=0$;

(2) $y(x^2-xy+y^2)dx+x(x^2+xy+y^2)dy=0$;

(3) $xy'+x+\sin(x+y)=0$.

4.3 可降阶的高阶常微分方程

二阶以及二阶以上的微分方程,称为高阶微分方程.本节主要介绍三种特殊形式的易降阶的高阶微分方程的求解方法,它们有的可以直接通过积分求得,有的可以通过代换将其转化成较低阶的方程来求解.以二阶微分方程为例,如果能通过适当的代换将其从二阶降至

一阶，那么就可用4.2节所讲的方法来求解.

4.3.1 $y^{(n)}=f(x)$型的微分方程

形如

$$y^{(n)} = f(x) \tag{4-22}$$

的微分方程，右端仅含有自变量 x，其求解方法如下：

可将方程(4-22)理解成$(y^{(n-1)})'=f(x)$，将此式两端同时积分，便可将其降为一个 $n-1$ 阶的微分方程，即

$$y^{(n-1)} = \int f(x)\mathrm{d}x + C_1,$$

再积分，得

$$y^{(n-2)} = \int\left(\int f(x)\mathrm{d}x + C_1\right)\mathrm{d}x + C_2.$$

依此法继续进行下去，连续积分 n 次，便可得方程(4-22)的含有 n 个任意常数的通解.

例1 求微分方程 $y'''=x$ 的通解.

解 对所给方程两端连续积分三次，得

$$y'' = \frac{1}{2}x^2 + C_1,$$

$$y' = \frac{1}{6}x^3 + C_1x + C_2,$$

$$y = \frac{1}{24}x^4 + Cx^2 + C_2x + C_3 \quad \left(C = \frac{C_1}{2}\right).$$

就是所求方程的通解.

例2 求解微分方程 $y''=\mathrm{e}^{2x}+\sin x$ 满足初始条件 $y(0)=0, y'(0)=1$ 的特解.

解 对所给方程两端连续积分两次，得

$$y' = \frac{1}{2}\mathrm{e}^{2x} - \cos x + C_1, \tag{4-23}$$

$$y = \frac{1}{4}\mathrm{e}^{2x} - \sin x + C_1x + C_2. \tag{4-24}$$

在式(4-23)中代入条件 $y'(0)=1$，得 $C_1=\frac{3}{2}$，在式(4-24)中代入条件 $y(0)=0$，得 $C_2=-\frac{1}{4}$，因此所求特解为

$$y = \frac{1}{4}\mathrm{e}^{2x} - \sin x + \frac{3}{2}x - \frac{1}{4}.$$

4.3.2 不显含未知函数 y 的常微分方程 $y''=f(x,y')$

形如

$$y'' = f(x,y') \tag{4-25}$$

的微分方程，右端不显含未知函数 y，可先将把 y' 看作未知函数，具体求解方法如下：

作变量代换，令 $y'=p(x)$，则 $y''=\frac{\mathrm{d}p}{\mathrm{d}x}=p'(x)$，这样可将原方程(4-25)化为

$$p'(x) = f(x,p),$$

这是关于 x 和 p 的一阶微分方程，可用 4.2 节中的方法求解. 设求得通解为

$$y' = p = \varphi(x, C_1),$$

两端积分，便可得原方程的通解为

$$y = \int \varphi(x, C_1)\,\mathrm{d}x + C_2.$$

例 3 求微分方程$(1+x^2)y''=2xy'$的通解.

解 方程不显含未知函数 y，令 $y'=p$，则 $y''=p'$，则原方程化为

$$(1+x^2)p' = 2xp,$$

这是可分离变量的一阶微分方程，分离变量得

$$\frac{\mathrm{d}p}{p} = \frac{2x}{1+x^2}\mathrm{d}x,$$

两端积分，得

$$\ln|p| = \ln(1+x^2) + C, \quad 即 \quad p = C_1(1+x^2).$$

又因 $y'=p$，则

$$y' = C_1(1+x^2).$$

将上式两端同时积分，得

$$y = C_1 x + \frac{C_1}{3}x^3 + C_2$$

为所求方程的通解，其中 C_1, C_2 为任意常数.

例 4 求微分方程 $y''=\dfrac{y'}{x}+x$ 满足初始条件 $y(0)=2, y'(1)=0$ 的特解.

解 方程不显含未知函数 y，令 $y'=p$，则 $y''=p'$，则原方程化为

$$p' = \frac{p}{x} + x, \quad 即 \quad p' - \frac{p}{x} = x,$$

这是关于 x 和 p 的一阶非齐次线性微分方程，利用其通解公式可得

$$p = \mathrm{e}^{\int \frac{1}{x}\mathrm{d}x}\left[\int x\mathrm{e}^{-\int \frac{1}{x}\mathrm{d}x}\mathrm{d}x + C_1\right] = x\left[\int 1\mathrm{d}x + C_1\right] = x(x+C_1).$$

又因 $y'=p$，则

$$y' = x(x+C_1).$$

又因为 $y'(1)=0$，代入上式，得 $C_1=-1$. 于是

$$y' = x(x-1).$$

将上式两端同时积分，得

$$y = \frac{x^3}{3} - \frac{x^2}{2} + C_2.$$

又因为 $y(0)=2$，代入上式，得 $C_2=2$. 于是

$$y = \frac{x^3}{3} - \frac{x^2}{2} + 2$$

为所求方程的特解.

4.3.3 不显含自变量 x 的常微分方程 $y''=f(y,y')$

形如

$$y'' = f(y, y') \tag{4-26}$$

的微分方程，其特点是右端不显含自变量 x，其求解方法如下：

作变量代换，令 $y'=p(y)$，利用复合函数的求导法则，得

$$y''=\frac{\mathrm{d}p}{\mathrm{d}y}\cdot\frac{\mathrm{d}y}{\mathrm{d}x}=p\frac{\mathrm{d}p}{\mathrm{d}y},$$

这样，方程(4-26)化为

$$p\frac{\mathrm{d}p}{\mathrm{d}y}=f(y,p),$$

这是关于 y 和 p 的一阶微分方程，可用 4.2 节中的方法求解. 设求得其通解为

$$y'=p=\varphi(y,C_1),$$

分离变量并积分，便可得原方程的通解为

$$\int\frac{\mathrm{d}y}{\varphi(y,C_1)}=x+C_2,$$

其中 C_1,C_2 为任意常数.

例 5 求微分方程 $yy''+(y')^2=0$ 的通解.

解 方程不显含自变量 x，令 $y'=p$，则 $y''=p\frac{\mathrm{d}p}{\mathrm{d}y}$，代入原方程得

$$yp\frac{\mathrm{d}p}{\mathrm{d}y}+p^2=0.$$

分离变量，得

$$\frac{\mathrm{d}p}{p}=-\frac{\mathrm{d}y}{y}.$$

两端积分并化简，得 $p=\frac{C_1}{y}$，即

$$y'=\frac{C_1}{y}.$$

再分离变量并积分，得方程的通解为

$$y^2=2C_1x+C_2.$$

注 在例 5 的求解过程中，当 $p=0$ 或 $y=0$ 时，方程的解也包含在上式的通解形式中，所以在求解过程中，未特殊考虑 $p=0$ 和 $y=0$ 的情况.

例 6 求微分方程 $yy''-2(y'^2-y')=0$ 满足初始条件 $y(0)=1,y'(0)=2$ 的特解.

解 方程不显含自变量 x，令 $y'=p$，则 $y''=p\frac{\mathrm{d}p}{\mathrm{d}y}$，代入原方程并化简得

$$y\frac{\mathrm{d}p}{\mathrm{d}y}=2(p-1).$$

分离变量，得

$$\frac{\mathrm{d}p}{p-1}=2\frac{\mathrm{d}y}{y},$$

两端积分并化简，得 $p=C_1y^2+1$，即

$$y'=C_1y^2+1.$$

又由 $y(0)=1,y'(0)=2$，可得 $C_1=1$，于是

$$y'=y^2+1.$$

再分离变量,得

$$\frac{\mathrm{d}y}{y^2+1}=\mathrm{d}x,$$

两端积分,得

$$\arctan y = x + C_2.$$

又由 $y(0)=1$,可得 $C_2=\arctan 1=\frac{\pi}{4}$,故所求特解为

$$\arctan y = x+\frac{\pi}{4}, \quad \text{或} \quad y=\tan\left(x+\frac{\pi}{4}\right).$$

1. 求下列微分方程的通解:

(1) $y'''=\sin x+x$;

(2) $y''=\frac{1}{1+x^2}$;

(3) $y''=y'+x$;

(4) $1+xy''+y'=0$;

(5) $y''+\frac{2}{x}y'=0$;

(6) $y''=2y'$;

(7) $yy''-2(y')^2=0$;

(8) $y''=y^{-3}$.

2. 求下列微分方程满足初始条件的特解:

(1) $y''=\mathrm{e}^x-\cos 2x, y(0)=2, y'(0)=0$;

(2) $y''+y'=x^2, y(0)=4, y'(0)=2$;

(3) $xy''+x(y')^2-y'=0, y(2)=2, y'(2)=1$;

(4) $y''-\mathrm{e}^{2y}=0, y(0)=0, y'(0)=1$;

(5) $2y''=\sin 2y, y(0)=\frac{\pi}{2}, y'(0)=1$.

3. 试求满足 $y''=x+\mathrm{e}^x$,经过点 $M(0,2)$ 且在此点与直线 $y=\frac{x}{3}+2$ 相切的曲线方程.

提高题

1. 求下列微分方程的通解:

(1) $xy''=y'\ln\frac{y'}{x}$;

(2) $y''=-(1+y'^2)^{\frac{3}{2}}$;

(3) $xy''=y'(\mathrm{e}^y-1)$.

2. 求解微分方程 $y''+y'^2=\mathrm{e}^{-y}$ 满足初始条件 $y(0)=0, y'(0)=1$ 的特解.

4.4 二阶常系数线性常微分方程

二阶常系数线性微分方程的一般形式为

$$y''+py'+qy=f(x), \tag{4-27}$$

其中 p,q 是常数,$f(x)$ 是 x 的已知函数.当 $f(x)\equiv 0$ 时,方程(4-27)化为

$$y''+py'+qy=0, \tag{4-28}$$

称式(4-28)为**二阶常系数齐次线性微分方程**. 当 $f(x)$不恒等于零时,称式(4-27)为**二阶常系数非齐次线性微分方程**.

4.4.1 二阶常系数线性常微分方程解的结构

定理 1(叠加原理) 如果函数 $y_1(x)$,$y_2(x)$为方程(4-28)的两个解,则

$$y = C_1 y_1(x) + C_2 y_2(x)$$

也是方程(4-28)的解,其中 C_1,C_2 是任意常数.

证明 因为 y_1 与 y_2 是方程(4-28)的解,于是有

$$y_1'' + py_1' + qy_1 = 0, \quad y_2'' + py_2' + qy_2 = 0.$$

将 $y=C_1y_1+C_2y_2$ 代入方程(4-28)的左边,得

$$\begin{aligned}&(C_1y_1''+C_2y_2'')+p(C_1y_1'+C_2y_2')+q(C_1y_1+C_2y_2)\\ =\ &C_1(y_1''+py_1'+qy_1)+C_2(y_2''+py_2'+qy_2)=0,\end{aligned}$$

所以 $y=C_1y_1+C_2y_2$ 是方程(4-28)的解.

由定理 1 可知,齐次方程(4-28)的两个解 $y_1(x)$,$y_2(x)$叠加得到的解 $y=C_1y_1(x)+C_2y_2(x)$仍是该方程的解,虽然该解包含了两个任意常数 C_1 和 C_2,但不一定是该方程的通解. 例如,函数 $y_1=e^x$ 和 $y_2=2e^x$ 都是二阶齐次线性微分方程 $y''-y'=0$ 的解,但 $y=C_1e^x+C_22e^x=(C_1+2C_2)e^x=Ce^x$ 显然不是该方程的通解. 这是因为定理中的条件不能保证函数 $y_1(x)$和 $y_2(x)$是相互独立的,为了解决这个问题,下面引入函数线性相关和线性无关的概念.

定义 1 设 $y_1(x)$和 $y_2(x)$是定义在区间 I 内的两个函数,如果存在两个不全为零的数 k_1 和 k_2,使得在区间 I 内恒有

$$k_1y_1(x) + k_2y_2(x) = 0$$

成立,则称函数 $y_1(x)$和 $y_2(x)$在区间 I 内**线性相关**,否则称**线性无关**.

显然,如果$\frac{y_1}{y_2}$是常数,则 y_1 与 y_2 线性相关;$\frac{y_1}{y_2}$不是常数,则 y_1 与 y_2 线性无关.

例如,函数 $y_1=e^x$ 和 $y_2=2e^x$ 线性相关,因为$\frac{y_1(x)}{y_2(x)}=\frac{e^x}{2e^x}=\frac{1}{2}$;而函数 $y_1=\sin x$ 和 $y_2=\cos x$ 线性无关,因为$\frac{y_1(x)}{y_2(x)}=\frac{\sin x}{\cos x}=\tan x$ 不是常数.

据此我们有如下关于方程(4-28)解的结构定理.

定理 2 如果函数 $y_1(x)$,$y_2(x)$是齐次方程(4-28)的两个线性无关的特解,则

$$y = C_1y_1(x) + C_2y_2(x)$$

是方程(4-28)的通解,其中 C_1,C_2 是任意常数.

证明 由定理 1 可知,$y=C_1y_1(x)+C_2y_2(x)$是方程(4-28)的解. 又因为 $y_1(x)$,$y_2(x)$线性无关,所以其中的两个任意常数 C_1 和 C_2 不能合并,是相互独立的. 因此,$y=C_1y_1(x)+C_2y_2(x)$是方程(4-28)的通解.

例如,对于二阶齐次线性方程 $y''+y=0$,易验证函数 $y_1=\sin x$ 和 $y_2=\cos x$ 是它的两个特解,并且线性无关,所以 $y=C_1\sin x+C_2\cos x$ 是该方程的通解.

下面讨论二阶非齐次线性方程解的性质和解的结构.

定理3 如果 y_1, y_2 分别为方程 $y''+py'+qy=f_1(x)$ 与 $y''+py'+qy=f_2(x)$ 的解，则 $y=y_1+y_2$ 是方程 $y''+py'+qy=f_1(x)+f_2(x)$ 的解.

该定理通常称为非齐次线性微分方程解的**叠加原理**. 由定理 2 以及定理 3，不难得到方程(4-27)解的结构定理.

定理4 若 y^* 为方程(4-27)的一个特解，y_1 和 y_2 为其对应的齐次方程(4-28)的两个线性无关的解，则方程(4-27)的通解为 $y=C_1y_1+C_2y_2+y^*$，其中 C_1, C_2 为任意常数.

证明略.

由定理 4 不难看出，二阶非齐次线性微分方程的通解由两部分组成，其中 $C_1y_1+C_2y_2$ 是对应的齐次线性微分方程的通解，另一部分 y^* 是方程本身的一个特解. 亦即二阶非齐次线性微分方程的通解可以表示为对应齐次方程的通解与一个非齐次方程的特解之和. 对于一阶以及二阶以上的更高阶的非齐次线性微分方程的通解也具有同样的结构.

例如，方程 $y''+y=2e^x$ 是二阶非齐次线性微分方程，已知它对应的齐次线性方程 $y''+y=0$ 的通解为 $y=C_1\sin x+C_2\cos x$. 又易验证 $y=e^x$ 是该方程的一个特解，故所求方程的通解为

$$y = C_1\sin x + C_2\cos x + e^x.$$

4.4.2 二阶常系数齐次线性常微分方程的解法

由定理 2 可知，要求方程(4-28)的通解，只须求出它的两个线性无关的特解即可. 下面讨论这两个线性无关的特解的求法.

注意到，方程(4-28)的系数都是常数，如果能找到一个函数 y，使得 y'' 和 y' 都是 y 的常数倍，这样的函数 y 就可能是方程(4-28)的解. 由于指数函数 $y=e^{rx}$（r 为常数）具备这样的特点，所以令 $y=e^{rx}$ 来尝试求解，其中 r 为待定常数.

设 $y=e^{rx}$ 为方程(4-28)的解，易见

$$y' = re^{rx}, \quad y'' = r^2e^{rx},$$

将其代入方程(4-28)，得

$$(r^2 + pr + q)e^{rx} = 0.$$

因为 $e^{rx}\neq 0$，所以

$$r^2 + pr + q = 0. \tag{4-29}$$

显然，函数 $y=e^{rx}$ 是方程(4-28)的解的充分必要条件是 r 为一元二次方程(4-29)的根. 这样就把微分方程(4-28)的求解问题转化为代数方程(4-29)的求根问题. 我们把代数方程(4-29)称为微分方程(4-28)的**特征方程**，特征方程的根称为**特征根**.

在特征方程(4-29)中，r^2, r 的系数及常数项恰好依次是方程(4-28)中 y'', y', y 的系数. 又因特征方程(4-29)是 r 的二次代数方程，所以可能有两个特征根，分别记为 r_1 和 r_2. 它们可以用公式

$$r_1, r_2 = \frac{-p \pm \sqrt{p^2 - 4q}}{2}$$

求出. 下面根据特征根的取值情况，分三种情形讨论方程(4-28)的通解：

(1) 当 $p^2-4q>0$ 时，r_1, r_2 是两个不相等的实根，且

$$r_1=\frac{-p+\sqrt{p^2-4q}}{2},\quad r_2=\frac{-p-\sqrt{p^2-4q}}{2}.$$

这时方程(4-28)有两个特解 $y_1=\mathrm{e}^{r_1x}$ 和 $y_2=\mathrm{e}^{r_2x}$. 又由$\frac{y_1}{y_2}=\mathrm{e}^{(r_1-r_2)x}$不是常数,可知 y_1 与 y_2 线性无关. 根据定理 2,方程(4-28)的通解为

$$y=C_1\mathrm{e}^{r_1x}+C_2\mathrm{e}^{r_2x}.$$

(2) 当 $p^2-4q=0$ 时,r_1,r_2 是两个相等的实根,且

$$r_1=r_2=-\frac{p}{2}.$$

这时只能得到方程(4-28)的一个特解 $y_1=\mathrm{e}^{r_1x}$,还需求出另外一个特解 y_2,且$\frac{y_2}{y_1}\neq$常数. 不妨设$\frac{y_2}{y_1}=u(x)$, 即 $y_2=\mathrm{e}^{r_1x}u(x)$,于是

$$y_2'=\mathrm{e}^{r_1x}(u'+r_1u),\quad y_2''=\mathrm{e}^{r_1x}(u''+2r_1u'+r_1^2u).$$

将 y_2,y_2',y_2''代入方程(4-28),得

$$\mathrm{e}^{r_1x}[(u''+2r_1u'+r_1^2u)+p(u'+r_1u)+qu]=0,$$

整理得

$$\mathrm{e}^{r_1x}[u''+(2r_1+p)u'+(r_1^2+pr_1+q)u]=0.$$

由于 $\mathrm{e}^{r_1x}\neq0$,所以

$$u''+(2r_1+p)u'+(r_1^2+pr_1+q)u=0.$$

又因为 r_1 是特征方程(4-29)的二重根,所以 $r_1^2+pr_1+q=0$ 且 $2r_1+p=0$,于是得

$$u''=0.$$

因此不妨取 $u=x$,便可得到方程(4-28)的另一个特解 $y_2=x\mathrm{e}^{r_1x}$,且$\frac{y_2}{y_1}=x$ 不是常数,即 y_1 与 y_2 线性无关. 故方程(4-28)的通解为

$$y=C_1\mathrm{e}^{r_1x}+C_2x\mathrm{e}^{r_1x},\quad 即\quad y=(C_1+C_2x)\mathrm{e}^{r_1x}.$$

(3) 当 $p^2-4q<0$ 时,特征方程(4-29)有一对共轭复根,且

$$r_1=\frac{-p+\mathrm{i}\sqrt{4q-p^2}}{2}=\alpha+\mathrm{i}\beta,\quad r_2=\frac{-p-\mathrm{i}\sqrt{4q-p^2}}{2}=\alpha-\mathrm{i}\beta\quad(\beta\neq0),$$

其中 $\alpha=-\frac{p}{2}$,$\beta=\frac{\sqrt{4q-p^2}}{2}$,i(满足 $\mathrm{i}^2=-1$)为虚数单位.

不难验证 $y_1=\mathrm{e}^{\alpha x}\cos\beta x$ 和 $y_2=\mathrm{e}^{\alpha x}\sin\beta x$ 是方程(4-28)的两个线性无关的特解. 因此,方程(4-28)的通解为

$$y=\mathrm{e}^{\alpha x}(C_1\cos\beta x+C_2\sin\beta x).$$

综上所述,求二阶常系数齐次线性微分方程的通解,可按如下步骤进行:

(1) 写出方程(4-28)的特征方程

$$r^2+pr+q=0;$$

(2) 求特征方程的两个根 r_1,r_2;

(3) 根据两个根 r_1,r_2 的不同情形,按表 4-1 写出方程(4-28)的通解:

表 4-1

特征方程 $r^2+pr+q=0$ 的两个根 r_1,r_2	方程 $y''+py'+qy=0$ 的通解
两个不相等的实根 $r_1\neq r_2$	$y=C_1e^{r_1x}+C_2e^{r_2x}$
两个相等的实根 $r_1=r_2$	$y=(C_1+C_2x)e^{r_1x}$
一对共轭复根 $r_{1,2}=\alpha\pm i\beta$	$y=e^{\alpha x}(C_1\cos\beta x+C_2\sin\beta x)$

例 1 求方程 $y''+y'-6y=0$ 的通解.

解 所给方程的特征方程为

$$r^2+r-6=0,$$

其根 $r_1=2,r_2=-3$ 是两个不相等的实根,所以原方程的通解为

$$y=C_1e^{2x}+C_2e^{-3x}.$$

例 2 求方程 $y''+2y'+y=0$ 满足初始条件 $y(0)=2,y'(0)=0$ 的特解.

解 所给方程的特征方程为

$$r^2+2r+1=0,$$

特征根为 $r_1=r_2=-1$ 是两个相等的实根,所以通解为

$$y=(C_1+C_2x)e^{-x}.$$

将初始条件 $y(0)=2$ 代入,得 $C_1=2$,于是 $y=(2+C_2x)e^{-x}$,对其求导得

$$y'=(C_2-2-C_2x)e^{-x}.$$

将初始条件 $y'(0)=0$ 代入上式,得 $C_2=2$. 故所求特解为

$$y=2(1+x)e^{-x}.$$

例 3 求方程 $y''+6y'+10y=0$ 的通解.

解 所给方程的特征方程为

$$r^2+6r+10=0,$$

其根 $r_1=-3+i,r_2=-3-i$ 是一对共轭复根,所以原方程的通解为

$$y=e^{-3x}(C_1\cos x+C_2\sin x).$$

4.4.3 二阶常系数非齐次线性常微分方程

由 4.4.1 节的讨论可知,非齐次线性微分方程的通解可以表示为对应齐次方程的通解与一个非齐次方程的特解之和. 因此,根据定理 4,二阶常系数非齐次线性微分方程的通解,可按下面 3 个步骤来求:

(1) 求其对应的齐次线性微分方程的通解 Y;

(2) 求非齐次线性微分方程的一个特解 y^*;

(3) 原方程的通解为 $y=Y+y^*$.

求齐次线性微分方程的通解 Y 的方法,上面已作介绍. 余下的问题是如何求非齐次方程(4-27)的一个特解. 然而方程(4-27)的特解的形式与右端的 $f(x)$ 有关,并且在一般情况下,要求出特解非常困难. 所以,下面仅讨论 $f(x)$ 的两种常见的情形:

(1) $f(x)=P_m(x)e^{\lambda x}$,其中 λ 是常数,$P_m(x)$ 是 x 的 m 次多项式:

$$P_m(x)=a_0x^m+a_1x^{m-1}+\cdots+a_{m-1}x+a_m;$$

(2) $f(x)=A\cos\omega x+B\sin\omega x$,其中 ω 是常数,A,B 为常数.

对于以上两种情形,下面用待定系数法来求方程(4-27)的一个特解,其基本思想是:先用一个与式(4-27)中的函数 $f(x)$形式类似但系数待定的函数,作为非齐次方程(4-27)的特解 y^*(称为试解函数),然后把 y^* 代入到原方程中,利用方程两边对任何 x 的取值均恒等的条件,确定出 y^* 中的待定系数.

下面分别介绍这两种类型方程特解的求法.

1. $f(x)=P_m(x)e^{\lambda x}$ 型

此时,方程(4-27)成为

$$y''+py'+qy=P_m(x)e^{\lambda x}. \tag{4-30}$$

由于方程(4-30)右端 $f(x)$是多项式 $P_m(x)$与指数函数 $e^{\lambda x}$ 的乘积,而多项式与指数函数乘积的导数仍然是多项式与指数函数乘积,因此,我们推测 $y^*=Q(x)e^{\lambda x}$(其中 $Q(x)$是某个多项式)可能是方程(4-30)的一个特解.下面讨论如何选取多项式 $Q(x)$,使得 $y^*=Q(x)e^{\lambda x}$ 是方程(4-30)的特解.为此,将

$$\begin{aligned} y^* &= Q(x)e^{\lambda x},\\ (y^*)' &= e^{\lambda x}[\lambda Q(x)+Q'(x)],\\ (y^*)'' &= e^{\lambda x}[\lambda^2Q(x)+2\lambda Q'(x)+Q''(x)] \end{aligned}$$

代入方程(4-30),并消去 $e^{\lambda x}$,得

$$Q''(x)+(2\lambda+p)Q'(x)+(\lambda^2+p\lambda+q)Q(x)=P_m(x). \tag{4-31}$$

于是,根据 λ 是否为方程(4-30)的特征方程 $r^2+pr+q=0$ 的根,有下列 3 种情况:

(1) 如果 λ 不是特征方程 $r^2+pr+q=0$ 的根,则 $\lambda^2+p\lambda+q\neq0$,由于 $P_m(x)$是一个 m 次多项式,要使式(4-31)的两端恒等,可令 $Q(x)$为另一个 m 次多项式 $Q_m(x)$,即设$Q_m(x)$为

$$Q_m(x)=b_0x^m+b_1x^{m-1}+\cdots+b_{m-1}x+b_m,$$

其中 $b_0,b_1,\cdots,b_m$ 为待定系数,将 $Q_m(x)$代入式(4-31),比较等式两端 x 同次幂的系数,可得含有 $b_0,b_1,\cdots,b_m$ 的 $m+1$ 个方程的联立线性方程组,解出 $b_i(i=0,1,\cdots,m)$,得到所求特解

$$y^*=Q_m(x)e^{\lambda x}.$$

(2) 如果 λ 是特征方程 $r^2+pr+q=0$ 的单根,即 $\lambda^2+p\lambda+q=0$,但 $2\lambda+p\neq0$,要使式(4-31)的两端恒等,$Q'(x)$必须是 m 次多项式,此时可令

$$Q(x)=xQ_m(x),$$

并且可用同样的方法确定 $Q_m(x)$的系数 $b_i(i=0,1,\cdots,m)$,于是所求特解为

$$y^*=xQ_m(x)e^{\lambda x}.$$

(3) 如果 λ 是特征方程 $r^2+pr+q=0$ 的重根,即 $\lambda^2+p\lambda+q=0$ 且 $2\lambda+p=0$,要使式(4-31)的两端恒等,$Q''(x)$必须是 m 次多项式,此时可令

$$Q(x)=x^2Q_m(x),$$

并且利用同样的方法可以确定 $Q_m(x)$的系数 $b_i(i=0,1,\cdots,m)$,于是所求特解为

$$y^*=x^2Q_m(x)e^{\lambda x}.$$

综上所述,我们有以下结论:

如果 $f(x)=P_m(x)e^{\lambda x}$,则二阶常系数非齐次线性微分方程(4-30)具有形如

$$y^*=x^kQ_m(x)e^{\lambda x}$$

的特解；其中 $Q_m(x)$ 是与 $P_m(x)$ 同次(m 次)的多项式，而 k 按 λ 不是特征方程的根、是特征方程的单根或是特征方程的重根依次取为 0,1 或 2.

例 4 求方程 $y''+2y'=5e^{-2x}$ 的一个特解.

解 方程右端的 $f(x)$ 是 $p_m(x)e^{\lambda x}$ 型，且 $P_m(x)=5,\lambda=-2$. 对应齐次方程的特征方程为

$$r^2+2r=0,$$

其特征根为 $r_1=0,r_2=-2$. 因此 $\lambda=-2$ 是特征方程的单根，所以原方程具有形如

$$y^*=xb_0e^{-2x}$$

的特解，将其代入原方程得

$$b_0=-\frac{5}{2},$$

故所求特解为

$$y^*=-\frac{5}{2}xe^{-2x}.$$

例 5 求方程 $y''-4y'+4y=3x+1$ 的通解.

解 原方程对应的齐次方程的特征方程为

$$r^2-4r+4=0,$$

其特征根为 $r_1=r_2=2$. 于是，该齐次方程的通解为

$$Y=(C_1+C_2x)e^{2x}.$$

又因为方程右端的 $f(x)$ 是 $P_m(x)e^{\lambda x}$ 型，且其中 $P_m(x)=3x+1,\lambda=0$，且 $\lambda=0$ 不是特征方程的根，故可设原方程的特解为

$$y^*=b_0x+b_1,$$

将其代入原方程，得 $4b_0x+4(b_1-b_0)=3x+1$，比较等式两端同次幂的系数，得

$$b_0=\frac{3}{4},\quad b_1=1,$$

故所求特解为

$$y^*=\frac{3}{4}x+1.$$

从而，所求方程的通解为

$$y=(C_1+C_2x)e^{2x}+\frac{3}{4}x+1.$$

例 6 求方程 $y''-3y'+2y=xe^{2x}$ 的通解.

解 原方程对应的齐次方程的特征方程为

$$r^2-3r+2=0,$$

其特征根为 $r_1=1$ 和 $r_2=2$. 于是，该齐次方程的通解为

$$Y=C_1e^x+C_2e^{2x}.$$

又因为 $\lambda=2$ 是特征方程的单根，故可设原方程的特解为

$$y^*=x(b_0x+b_1)e^{2x}$$

代入原方程，得 $2b_0x+b_1+2b_0=x$，比较等式两端同次幂的系数，得

$$b_0=\frac{1}{2},\quad b_1=-1.$$

于是,求得原方程的一个特解

$$y^{*}=x\left(\frac{1}{2}x-1\right)e^{2x}.$$

从而,所求方程的通解为

$$y=C_1e^{x}+C_2e^{2x}+x\left(\frac{1}{2}x-1\right)e^{2x}.$$

2. $f(x)=A\cos\omega x+B\sin\omega x$ 型

此时,方程(4-27)成为

$$y''+py'+qy=A\cos\omega x+B\sin\omega x. \tag{4-32}$$

由于方程(4-32)右端函数的导数,与原来函数仍属同一类型,因此方程式(4-32)的特解 y^{*} 也应属同一类型的函数,可以证明方程(4-32)的特解形式为

$$y^{*}=x^{k}(a\cos\omega x+b\sin\omega x),$$

其中 a,b 为待定常数,k 为整数,且当 $\pm\omega i$ 不是特征方程 $r^2+pr+q=0$ 的根时,k 取 0;当 $\pm\omega i$ 是特征方程 $r^2+pr+q=0$ 的根时,k 取 1.

例 7 求方程 $y''+2y'-3y=2\sin x$ 的一个特解.

解 方程右端是 $f(x)=A\cos\omega x+B\sin\omega x$ 型,且 $\omega=1$. 因为 $\pm\omega i=\pm i$ 不是特征方程为 $r^2+2r-3=0$ 的根,所以 $k=0$. 因此原方程的特解形式为

$$y^{*}=a\cos x+b\sin x.$$

于是

$$y^{*\prime}=-a\sin x+b\cos x,\quad y^{*\prime\prime}=-a\cos x-b\sin x.$$

将 $y^{*},y^{*\prime},y^{*\prime\prime}$ 代入原方程,得

$$\begin{cases}-4a+2b=0,\\-2a-4b=2.\end{cases}$$

解得

$$a=-\frac{1}{5},\quad b=-\frac{2}{5}.$$

所以原方程的特解为

$$y^{*}=-\frac{1}{5}\cos x-\frac{2}{5}\sin x.$$

例 8 求方程 $y''-2y'-3y=e^{x}+\sin x$ 的通解.

解 先求对应的齐次方程的通解 Y. 原方程对应的齐次方程的特征方程为

$$r^2-2r-3=0,$$

其特征根为 $r_1=-1,r_2=3$,所以该齐次方程的通解为

$$Y=C_1e^{-x}+C_2e^{3x}.$$

下面再求非齐次方程的一个特解 y^{*}. 由于 $f(x)=e^{x}+\sin x$,根据定理 3,只须分别求出方程对应的右端项为 $f_1(x)=e^{x},f_2(x)=\sin x$ 的特解 y_1^{*} 和 y_2^{*},则 $y^{*}=y_1^{*}+y_2^{*}$ 就是原方程的一个特解.

由于 $\lambda=1,\pm\omega i=\pm i$ 均不是特征方程的根,故可设原方程的特解为

$$y^{*}=y_1^{*}+y_2^{*}=ae^{x}+(b\cos x+c\sin x),$$

代入原方程，得

$$-4ae^x-(4b+2c)\cos x+(2b-4c)\sin x=e^x+\sin x.$$

比较系数，得

$$-4a=1,\quad 4b+2c=0,\quad 2b-4c=1,$$

解得

$$a=-\frac{1}{4},\quad b=\frac{1}{10},\quad c=-\frac{1}{5}.$$

于是所给方程的一个特解为

$$y^*=-\frac{1}{4}e^x+\frac{1}{10}\cos x-\frac{1}{5}\sin x,$$

所以所求方程的通解为

$$y=Y+y^*=C_1e^{-x}+C_2e^{3x}-\frac{1}{4}e^x+\frac{1}{10}\cos x-\frac{1}{5}\sin x.$$

1. 求下列常系数齐次线性微分方程的通解：

(1) $y''+3y'-4y=0$；　　(2) $y''-2y'+y=0$；

(3) $y''-y=0$；　　(4) $y''+6y'+9y=0$；

(5) $4y''-8y'+5y=0$；　　(6) $y''+2y'+5y=0$.

2. 求下列常系数齐次线性方程满足初始条件的特解：

(1) $y''-2y'-3y=0, y(0)=1, y'(0)=0$；

(2) $4y''+4y'+y=0, y(0)=2, y'(0)=0$；

(3) $y''-4y'+3y=0, y(0)=6, y'(0)=10$；

(4) $y''+9y=0, y(\pi)=-1, y'(\pi)=1$.

3. 求下列微分方程的通解：

(1) $y''+y'=x$；　　(2) $y''+y=x+e^x$；

(3) $y''-4y'+4y=2\sin 2x$.

4. 求下列微分方程满足初始条件的特解：

(1) $y''-y'=3, y(0)=0, y'(0)=1$；

(2) $y''+4y=\sin 2x, y(0)=\frac{1}{4}, y'(0)=0$.

提高题

1. 设函数 $f(x)$ 可导，且满足

$$f(x)=1+2x+\int_0^x tf(t)\mathrm{d}t-x\int_0^x f(t)\mathrm{d}t,$$

试求函数 $f(x)$.

2. 已知 $y_1=xe^x+e^{2x}, y_2=xe^x-e^{-x}, y_3=xe^x+e^{2x}-e^{-x}$ 是某二阶非齐次线性微分方程的 3 个特解：

(1) 求此方程的通解；

(2) 写出此微分方程；

(3) 求此微分方程满足初始条件 $y(0)=7, y'(0)=6$ 的特解.

复习题 4

1. 是非题

(1) 微分方程的通解中包含了它所有的解. ( )

(2) $\dfrac{dy}{dx}=1+x+y^2+xy^2$ 是可分离变量的微分方程. ( )

(3) 曲线在点(x,y)处的切线斜率等于该点横坐标的平方，则曲线所满足的微分方程是 $y'=x^2+C$(C 是任意常数). ( )

(4) $y'=\sin y$ 是一阶线性微分方程. ( )

(5) 已知 $y_1=x, y_2=\sin x$ 是微分方程$(y')^2-yy''=1$ 的两个线性无关的解，则该方程的通解为 $y=C_1x+C_2\sin x$.

2. 填空题

(1) $xy'''+2x^2y'^2+x^3y=x^4+1$ 是________阶微分方程.

(2) $y'''+\sin xy'-x=\cos x$ 的通解中应含________个独立常数.

(3) 方程$\dfrac{dx}{y}+\dfrac{dy}{x}=0$ 的通解为________.

(4) $y''=\sin 2x-\cos x$ 的通解是________.

(5) 设二次常系数线性齐次方程 $y''+p_1y'+p_2y=0$ 它的特征方程有两个不相等的实根 r_1, r_2，则方程的通解为________.

(6) 微分方程 $y''-6y'+9y=xe^{3x}$ 的特解形式为 $y^*=$________.

3. 选择题

(1) 微分方程$(x-2xy-y^2)dy+y^2dx=0$ 是( ).

A. 可分离变量方程　　B. 一阶线性齐次方程

C. 一阶线性非齐次方程　　D. 齐次方程

(2) 微分方程 $y'=3y^{\frac{2}{3}}$ 的一个特解是( ).

A. $y=x^3+1$　　B. $y=(x+2)^3$

C. $y=(x+C)^2$　　D. $y=C(1+x)^3$

(3) 下列微分方程中，( )是二阶常系数齐次线性微分方程.

A. $y''-2y=0$　　B. $y''-xy'+3y^2=0$

C. $5y''-4x=0$　　D. $y''-2y'+1=0$

(4) 微分方程 $y'-y=0$ 满足初始条件 $y(0)=1$ 的特解为( ).

A. e^x　　B. e^x-1　　C. e^x+1　　D. $2-e^x$

(5) 下列函数中，哪个是微分方程 $y''-7y'+12y=0$ 的解( ).

A. $y=x^3$　　B. $y=x^2$　　C. $y=e^{3x}$　　D. $y=e^{2x}$

4. 求下列微分方程的通解：

(1) $xy'-y\ln y=0$；

(2) $x\frac{dy}{dx}=y\ln\frac{y}{x}$；

(3) $(1+x^2)y'-2xy=(1+x^2)^2$；

(4) $y\ln y dx+(x-\ln y)dy=0$.

5. 求下列微分方程的通解：

(1) $xy''+2y'=1$；

(2) $y''+y'-2y=0$；

(3) $y''-4y'=0$.

6. 求下列微分方程的通解：

(1) $y''-y=e^x$；

(2) $y''-2y'=x-2$.

7. 已知 $y_1=e^{2x}$ 和 $y_2=e^{-x}$ 是二阶常系数齐次微分方程的两个特解，写出该方程的通解，并求满足初始条件 $y(0)=1, y'(0)=\frac{1}{2}$ 的特解.

1. 填空题

(1) 在横线上填上方程的名称

① $(xy^2+x)dx+(y-x^2y)dy=0$ 是________.

② $x\frac{dy}{dx}=y\cdot\ln\frac{y}{x}$ 是________.

③ $xy'=y+x^2\sin x$ 是________.

④ $y''+y'-2y=0$ 是________.

(2) $y''=e^{-2x}$ 的通解是________.

(3) $y=\frac{1}{x}$ 所满足的一阶微分方程是________.

(4) $y'=\frac{2y}{x}$ 的通解为________.

(5) 微分方程 $y''=y'$ 的通解是________.

2. 选择题

(1) 微分方程 $xyy''+x(y')^3-y^4y'=0$ 的阶数是(　　).

A. 3　　B. 4　　C. 5　　D. 2

(2) 微分方程 $(x+1)(y^2+1)dx+y^2x^2dy=0$ 是(　　).

A. 齐次方程　　B. 可分离变量方程

C. 伯努利方程　　D. 线性非齐次方程

(3) 函数 $y=C-\sin x$（C 为任意常数）是微分方程 $y''=\sin x$ 的(　　).

A. 通解　　B. 特解

C. 是解，但既非通解也非特解　　D. 不是解

(4) 在以下函数中可以作为某一个二阶微分方程的通解是(　　).

A. $y=C_1x^2+C_2x+C_3$　　B. $x^2+y^2=C$

C. $y=\ln(C_1x)+\ln(C_2\sin x)$　　D. $y=C_1\sin^2x+C_2\cos^2x$

(5) 微分方程 $y''-4y'+4y=0$ 的两个线性无关解是(　　).

A. e^{2x} 与 $2e^{2x}$　　B. e^{-2x} 与 xe^{-2x}

C. e^{2x} 与 xe^{2x}　　D. e^{-2x} 与 $4e^{-2x}$

3. 求下列微分方程满足所给初始条件的特解：

(1) $\cos y\mathrm{d}x+(1+e^{-x})\sin y\mathrm{d}y=0, y(0)=\frac{\pi}{4}$；

(2) $y'\sin x=y\ln y, y\left(\frac{\pi}{2}\right)=e$；

(3) $y'=\frac{x}{y}+\frac{y}{x}, y(1)=2$；

(4) $(x^2-1)y'+2xy^2=0, y(0)=1$.

4. 求下列微分方程的通解：

(1) $y''-3y'-4y=0$；　　(2) $4\frac{\mathrm{d}^2x}{\mathrm{d}t^2}-20\frac{\mathrm{d}x}{\mathrm{d}t}+25x=0$.

5. 求一曲线，这曲线过原点，且它在点(x,y)处的切线斜率等于 $2x+y$.

习题答案

习题 1.1

1. (1) 第Ⅳ卦限； (2) 第Ⅴ卦限； (3) 第Ⅷ卦限； (4) 第Ⅲ卦限.
2. 关于 xOy 面的对称点是$(3,-2,-1)$；关于 yOz 面的对称点是$(-3,-2,1)$；
   关于 zOx 面的对称点是$(3,2,1)$；关于坐标原点的对称点是$(-3,2,-1)$.
3. (1) $z=7$ 或 $z=-5$； (2) $x=2$.
4. $\left(0,0,\dfrac{14}{9}\right)$.
5. 证明略.
6. (1) 平行于 y 轴的直线，过点$(2,0,0)$且与 yOz 面平行的平面；
   (2) 斜率为 1 且在 y 轴截距为 1 的直线，平行于 z 轴且过$(0,1,0)$，$(-1,0,0)$的平面；
   (3) 圆心在原点且半径为 2 的圆，以过 z 轴的直线为轴且半径为 2 的圆柱面.

提高题

1. 与原点的距离为 $5\sqrt{2}$；与 x 轴、y 轴、z 轴距离分别为 $\sqrt{34}$；$\sqrt{41}$；5.
2. 关于 xOy 面的对称点是$(a,b,-c)$；关于 yOz 面的对称点是$(-a,b,c)$；
   关于 zOx 面的对称点是$(a,-b,c)$；关于 x 轴的对称点是$(a,-b,-c)$；
   关于 y 轴的对称点是$(-a,b,-c)$；关于 z 轴的对称点是$(-a,-b,c)$；
   关于坐标原点的对称点是$(-a,-b,-c)$.
3. $4(z-1)=(x-1)^2+(y+1)^2$.
4. 略.

习题 1.2

1. (1) $D=\left\{(x,y)\,\middle|\,\dfrac{x^2}{a^2}+\dfrac{y^2}{b^2}\leqslant 1\right\}$； (2) $D=\{(x,y)\,|\,y^2-2x+1>0\}$；
   (3) $D=\left\{(x,y)\,\middle|\,\left|\dfrac{y}{x}\right|\leqslant 1,x\neq 0\right\}$； (4) $D=\{(x,y)\,|\,x^2+y^2<4,x\neq 0\}$；
   (5) $D=\{(x,y)\,|\,0<x^2+y^2<1,y^2\leqslant 4x\}$； (6) $D=\{(x,y)\,|\,y\geqslant 0,x\geqslant\sqrt{y}\}$.
2. (1) 1； (2) 0； (3) 3； (4) 0； (5) $-\dfrac{1}{4}$； (6) 2.

3～4. 证明略.

提高题

1. (1) 1； (2) 0.
2. 不连续.

习题 1.3

1. (1) $\dfrac{\partial z}{\partial x}=2x+3y,\dfrac{\partial z}{\partial y}=3x+2y$； (2) $\dfrac{\partial z}{\partial x}=2x\sin(2y),\dfrac{\partial z}{\partial y}=2x^2\cos(2y)$；

(3) $\frac{\partial z}{\partial x}=y\cos(xy)-2y\cos(xy)\sin(xy)$，$\frac{\partial z}{\partial y}=x\cos(xy)-2x\cos(xy)\sin(xy)$；

(4) $\frac{\partial z}{\partial x}=\frac{1}{2x\sqrt{\ln(xy)}}$，$\frac{\partial z}{\partial y}=\frac{1}{2y\sqrt{\ln(xy)}}$；

(5) $\frac{\partial z}{\partial x}=2xe^{x^2}\sin(x+2y^2)+e^{x^2}\cos(x+2y^2)$，$\frac{\partial z}{\partial y}=4ye^{x^2}\cos(x+2y^2)$；

(6) $\frac{\partial u}{\partial x}=\cos(x+y^2-e^z)$，$\frac{\partial u}{\partial y}=2y\cos(x+y^2-e^z)$，$\frac{\partial u}{\partial z}=-e^z\cos(x+y^2-e^z)$.

2. $f_x(2\sqrt{2},3)=-1$，$f_y(2\sqrt{2},3)=-\frac{3}{4}\sqrt{2}$.

3. (1) $\frac{\partial^2 z}{\partial x^2}=24x+6y$，$\frac{\partial^2 z}{\partial y^2}=-6x$，$\frac{\partial^2 z}{\partial x\partial y}=6x-6y$，$\frac{\partial^2 z}{\partial y\partial x}=6x-6y$；

(2) $\frac{\partial^2 z}{\partial x^2}=\frac{x+2y}{(x+y)^2}$，$\frac{\partial^2 z}{\partial y^2}=\frac{-x}{(x+y)^2}$，$\frac{\partial^2 z}{\partial x\partial y}=\frac{y}{(x+y)^2}$，$\frac{\partial^2 z}{\partial y\partial x}=\frac{y}{(x+y)^2}$；

(3) $\frac{\partial^2 z}{\partial x^2}=y^2e^{xy}-\sin(x+y)$，$\frac{\partial^2 z}{\partial y^2}=x^2e^{xy}-\sin(x+y)$，

$\frac{\partial^2 z}{\partial x\partial y}=(1+xy)e^{xy}-\sin(x+y)$，$\frac{\partial^2 z}{\partial y\partial x}=(1+xy)e^{xy}-\sin(x+y)$，

$\frac{\partial^3 z}{\partial x^3}=y^3e^{xy}-\cos(x+y)$；

(4) 0；　　(5) $\frac{\partial^2 z}{\partial x\partial y}=3x^2\cos y+3y^2\cos x$.

4. $f_{xx}(0,0,1)=2$，$f_{xz}(1,0,2)=4$，$f_{yz}(0,-1,0)=0$，$f_{zzx}(2,0,1)=0$.

5. 证明略.

提高题

1. (1) $\frac{\partial z}{\partial x}=-\frac{y^2}{|x|\sqrt{x^2-y^4}}$，$\frac{\partial z}{\partial y}=\pm\frac{2y}{\sqrt{x^2-y^4}}$；

(2) $\frac{\partial z}{\partial x}=y^{\sin x}\left[\ln y\cdot\ln(x^2+y^2)\cdot\cos x+\frac{2x}{x^2+y^2}\right]$，$\frac{\partial z}{\partial y}=y^{\sin x}\left[\frac{\ln(x^2+y^2)\cdot\sin x}{y}+\frac{2y}{x^2+y^2}\right]$；

(3) $\frac{\partial z}{\partial x}=\frac{1}{2}e^{-xy}\sqrt{\frac{y}{x}}$，$\frac{\partial z}{\partial y}=\frac{1}{2}e^{-xy}\sqrt{\frac{x}{y}}$；

(4) $\frac{\partial u}{\partial x}=\frac{y}{z}x^{\frac{y}{z}-1}$，$\frac{\partial u}{\partial y}=\frac{1}{z}x^{\frac{y}{z}}\ln x$，$\frac{\partial u}{\partial z}=-\frac{y}{z^2}x^{\frac{y}{z}}\ln x$.

2. 证明略.

3. $f_{xy}(0,0)=-1$，$f_{yx}(0,0)=1$.

习题 1.4

1. (1) $dz=(4y^3+10xy^6)dx+(12xy^2+30x^2y^5)dy$；　(2) $dz=\frac{x}{\sqrt{x^2+y^2}}dx+\frac{y}{\sqrt{x^2+y^2}}dy$；

(3) $dz=\frac{3x^2}{x^3+y^4}dx+\frac{4y^3}{x^3+y^4}dy$；　(4) $dz=\frac{1}{\sqrt{1-\left(\frac{x}{y}\right)^2}}\left(\frac{1}{y}dx-\frac{x}{y^2}dy\right)$；

(5) $dz=e^x\cos y dx-e^x\sin y dy$；　(6) $dz=-\frac{y}{x^2}e^{\frac{y}{x}}dx+\frac{1}{x}e^{\frac{y}{x}}dy$.

2. $dz\Big|_{\substack{x=1\\y=2}}=\frac{1}{3}dx+\frac{2}{3}dy$.

3. $\Delta z=22.75$，$dz=22.4$.

4. $dz=0.005$.

5. $du\big|_{(2,0,1)}=-\frac{1}{4}dx+0dy+2dz$.

6. (1) $\ln2-0.005$；　(2) $\frac{\pi}{6}-\frac{0.02}{\sqrt{3}}$.

提高题

1. (1) $dz=y^2(xy)^{y-1}dx+(xy)^y[\ln(xy)+1]dy$；(2) $du=yzx^{yz-1}dx+zx^{yz}\ln x dy+yx^{yz}\ln x dz$.

2. 两个偏导数分别为 $f_x(0,0)=0, f_y(0,0)=0$；$f(x,y)$在点$(0,0)$处不连续；不可微.

习题 1.5

1. (1) $\frac{dz}{dt}=\frac{(t-2)e^t}{t^3}\cos\frac{e^t}{t^2}$；　(2) $\frac{dz}{dt}=\frac{3-12t^2}{\sqrt{1-(3t-4t^3)^2}}$；　(3) $\frac{dz}{dx}=\frac{(x+1)e^x}{1+(xe^x)^2}$.

2. (1) $\frac{\partial z}{\partial x}=e^{xy}[y\sin(x+y)+\cos(x+y)], \frac{\partial z}{\partial y}=e^{xy}[x\sin(x+y)+\cos(x+y)]$；

   (2) $\frac{\partial z}{\partial x}=(x^2\sin2y-x^2\sin^2y)\cos y+(x^2\cos^2y-x^2\sin2y)\sin y$,

   $\frac{\partial z}{\partial y}=-(x^2\sin2y-x^2\sin^2y)x\sin y+x(x^2\cos^2y-x^2\sin2y)\cos y$；

   (3) $\frac{\partial z}{\partial x}=e^{x+y}[\cos(x-y)-\sin(x-y)]+y\cos xy$；(4) $\frac{\partial z}{\partial x}=\frac{2}{\sqrt{1-4(x+y)^2}}, \frac{\partial z}{\partial y}=\frac{2}{\sqrt{1-4(x+y)^2}}$.

3. (1) $\frac{\partial u}{\partial x}=\frac{df}{dt}\frac{x}{\sqrt{x^2+y^2}}, \frac{\partial u}{\partial y}=\frac{df}{dt}\frac{y}{\sqrt{x^2+y^2}}$；　(2) $\frac{\partial z}{\partial x}=\frac{y}{2\sqrt{xy}}\frac{\partial f}{\partial u}+\frac{\partial f}{\partial v}, \frac{\partial z}{\partial y}=\frac{x}{2\sqrt{xy}}\frac{\partial f}{\partial u}+\frac{\partial f}{\partial v}$；

   (3) $\frac{\partial z}{\partial x}=2x\frac{\partial f}{\partial u}+ye^{xy}\frac{\partial f}{\partial v}, \frac{\partial z}{\partial y}=-2y\frac{\partial f}{\partial u}+xe^{xy}\frac{\partial f}{\partial v}$.

提高题

1. (1) $\frac{dz}{dx}=(e^{-(e^{2x}+\sin x)^2}-2e^{-4\sin^2x})\cos x+2e^{2x-(e^{2x}+\sin x)^2}$；

   (2) $\frac{\partial z}{\partial x}=6x(4x+2y)(3x^2+y^2)^{4x+2y-1}+4(3x^2+y^2)^{4x+2y}\ln(3x^2+y^2)$,

   $\frac{\partial z}{\partial y}=2y(4x+2y)(3x^2+y^2)^{4x+2y-1}+2(3x^2+y^2)^{4x+2y}\ln(3x^2+y^2)$；

   (3) $\frac{\partial u}{\partial x}=2x(1+2x^2\sin^2y)e^{x^2+y^2+x^4\sin^2y}, \frac{\partial u}{\partial y}=2(y+x^4\sin y\cos y)e^{x^2+y^2+x^4\sin^2y}$；

   (4) $\frac{\partial z}{\partial x}=f(x+y,xy)+(x+y)(f_1'+yf_2'), \frac{\partial z}{\partial y}=f(x+y,xy)+(x+y)(f_1'+xf_2')$；

   (5) $\frac{\partial z}{\partial x}=f_1'\cos x+f_3'e^{x+y}, \frac{\partial z}{\partial y}=-f_2'\sin y+f_3'e^{x+y}$.

2. (1) $\frac{\partial^2 z}{\partial x\partial y}=f_{11}''e^{2x}\sin y\cos y+2e^x(y\sin y+x\cos y)f_{12}''+4xyf_{22}''+f_1'e^x\cos y$；

   (2) $\frac{\partial^2 z}{\partial x\partial y}=e^yf_u+xe^{2y}f_{uu}+e^yf_{uy}+xe^yf_{xu}+f_{xy}$；

   (3) $\frac{\partial^2 z}{\partial x^2}=\frac{2}{x^3}f(xy)-\frac{2y}{x^2}f'(xy)+\frac{y^2}{x}f''(xy)+yf''(x+y)$.

3. 证明略.

习题 1.6

1. (1) $\frac{x+y}{y-x}$；　(2) $-\frac{x+y}{y-x}$；　(3) $-\frac{yx^{y-1}-y^x\ln y}{x^y\ln x-xy^{x-1}}$.

2. (1) $\frac{\partial z}{\partial x}=-\frac{c^2x}{a^2z},\frac{\partial z}{\partial y}=-\frac{c^2y}{b^2z}$；(2) $\frac{\partial z}{\partial x}=-\frac{\sin 2x}{\sin 2z},\frac{\partial z}{\partial y}=-\frac{\sin 2y}{\sin 2z}$；

(3) $\frac{\partial z}{\partial x}=\frac{z}{x+z},\frac{\partial z}{\partial y}=\frac{z^2}{y(x+z)}$；(4) $\frac{\partial z}{\partial x}=\frac{x}{2-z},\frac{\partial^2 z}{\partial x^2}=\frac{(2-z)^2+x^2}{(2-z)^3}$；

(5) $\frac{\partial^2 z}{\partial x^2}=\frac{e^z}{(e^z-1)^3},\frac{\partial^2 z}{\partial y^2}=\frac{e^z}{(e^z-1)^3},\frac{\partial^2 z}{\partial x\partial y}=\frac{e^z}{(e^z-1)^3}$.

3. $\frac{\partial z}{\partial x}=\frac{F_1'-F_3'}{F_2'-F_3'},\frac{\partial z}{\partial y}=\frac{F_2'-F_1'}{F_2'-F_3'}$.

提高题

1. $\frac{\partial u}{\partial x}=\cos(xy+3z)\left(y+\frac{3z^3}{2yz-3xz^2}\right)$.

2. $\frac{\partial^2 z}{\partial x\partial y}=-\frac{ze^{-(x^2+y^2)}}{(1+z)^3}$.

3. 证明略.

4. $\frac{\partial x}{\partial u}=\frac{2xu+1}{2x^2-y},\frac{\partial y}{\partial u}=-\frac{2x+2yu}{2x^2-y}$.

习题 1.7

1. (1) 极小值为 $z(0,1)=0$；(2) 极大值 $z(1,0)=1$；

(3) 极小值 $z(1,0)=-5$,极大值 $z(-3,2)=31$；(4) 极小值 $z(5,2)=30$.

2. 高和底半径 $h=r=\sqrt[3]{\frac{V}{\pi}}$时,所用材料最少.

3. 生产 120 单位产品 A,80 单位产品 B,可取得最大利润.

4. 投入两种广告的费用分别为 $x=15$ 万元和 $y=10$ 万元时,可使利润最大.

5. 函数有极大值 $z\left(\frac{1}{2},\frac{1}{2}\right)=\frac{1}{4}$.

6. $x=y=z=\frac{a}{3}$时,它们的倒数之和最小.

7. 两个直角边分别为 $x=\frac{l}{\sqrt{2}},y=\frac{l}{\sqrt{2}}$,即为等腰直角三角形时有最大周长.

提高题

1. 证明略.

2. 边长均为$\frac{2a}{\sqrt{3}}$的立方体体积最大.

3. $f_{\max}=-1+5\sqrt{5},f_{\min}=-1-5\sqrt{5}$.

复习题 1

1. (1) $D=\{(x,y,z)\mid z^2\leqslant x^2+y^2$ 且 $x^2+y^2\neq 0\}$；(2) ln2；(3) 2；

(4) $-\frac{y}{x^2+y^2}dx+\frac{x}{x^2+y^2}dy$；(5) 充分,必要；(6) 充分；(7) 必要；(8) 不存在.

2. (1) e^{-4}；(2) 0.

3. 不连续.

4. (1) $-\frac{1}{(x+y^2)^2},\frac{-2y}{(x+y^2)^2}$；(2) $(1+3xyz+x^2y^2z^2)e^{xyz}$；(3) $\frac{2}{5}dx-\frac{2}{5}dy$；

(4) $(\ln^2 t-t\sin e^t)e^t+\frac{2}{t}e^t\ln t+\cos e^t$；(5) $x+y$.

5. $\dfrac{y^3}{1-e^z},\dfrac{3xy^2}{1-e^z},\dfrac{3y^2[(1-e^z)^2+xy^3e^z]}{(1-e^z)^3}$.

6. $x=0,y=1.5$ 时策略最优.

自测题 1

1. (1) ×；　(2) ×；　(3) ×；　(4) ×.

2. (1) $\{(x,y|1<x^2+y^2<4)\}$；　(2) 4；　(3) $0,0,yx^{y-1}\mathrm{d}x+x^y\ln x\mathrm{d}y$；　(4) 连续；　(5) 必要.

3. (1) 0；　(2) 0.

4. (1) $\dfrac{\partial u}{\partial x}=y^2z^3e^{xy^2z^3},\dfrac{\partial u}{\partial y}=2xyz^3e^{xy^2z^3},\dfrac{\partial u}{\partial z}=3xy^2z^2e^{xy^2z^3}$；　(2) $\dfrac{\partial z}{\partial x}=\dfrac{|y|}{x^2+y^2},\dfrac{\partial z}{\partial y}=-\dfrac{xy}{|y|(x^2+y^2)}$.

5. $\dfrac{1}{y}$.

6. $2e^t\sin t$.

7. $\dfrac{\partial z}{\partial x}=2x\dfrac{\partial f}{\partial u}-\dfrac{y}{x^2}\dfrac{\partial f}{\partial v},\dfrac{\partial z}{\partial y}=2y\dfrac{\partial f}{\partial u}+\dfrac{1}{x}\dfrac{\partial f}{\partial v}$.

8. $2xye^{x^2}\mathrm{d}x+(e^{x^2}-\sin y)\mathrm{d}y$.

9. $-\dfrac{y-e^x}{x+e^y}$.

10. 极大值为 $f(2,-2)=8$.

11. 长、宽、高分别为 $2,2,\dfrac{5}{2}$ 时，水池的材料费用最低.

习题 2.1

1. $V=\displaystyle\iint_D\frac{12-4y-6x}{3}\mathrm{d}x\mathrm{d}y$，且 D 为：$0\leqslant x\leqslant 2;0\leqslant y\leqslant 3\left(1-\dfrac{x}{2}\right)$.

2. (1) π；　(2) $\dfrac{2}{3}\pi R^3$.

3. (1) $\displaystyle\iint_D e^{xy}\mathrm{d}\sigma<\iint_D e^{2xy}\mathrm{d}\sigma$；　(2) $\displaystyle\iint_D(x+y)^2\mathrm{d}\sigma>\iint_D(x+y)^3\mathrm{d}\sigma$；

(3) $\displaystyle\iint_D\tan^2(x+y)\mathrm{d}\sigma>\iint_D\tan^3(x+y)\mathrm{d}\sigma$.

4. (1) $\displaystyle 36\pi\leqslant\iint_D(x^2+4y^2+9)\mathrm{d}\sigma\leqslant 100\pi$；　(2) $\displaystyle\frac{2}{5}\leqslant\iint_D\frac{\mathrm{d}\sigma}{\sqrt{x^2+y^2+2xy+16}}\leqslant\frac{1}{2}$；

(3) $\displaystyle 0\leqslant\iint_D\cos^2x\cos^2y\mathrm{d}\sigma\leqslant\pi^2$.

提高题

1. $\mathrm{d}F|_{(1,1)}=\mathrm{d}x+\mathrm{d}y$.

2. 1.

习题 2.2

1. (1) $\displaystyle\int_{-\sqrt{2}}^{\sqrt{2}}\mathrm{d}x\int_{x^2}^{4-x^2}f(x,y)\mathrm{d}y$；(2) $\displaystyle\int_0^4\mathrm{d}x\int_x^{2\sqrt{x}}f(x,y)\mathrm{d}y$；(3) $\displaystyle\int_{-1}^1\mathrm{d}y\int_{y^2}^{\sqrt{2-y^2}}f(x,y)\mathrm{d}x$；

(4) $\displaystyle\int_1^3\mathrm{d}y\int_{\frac{1}{2}(y-3)}^{3-y}f(x,y)\mathrm{d}x$.

2. (1) $-\frac{1}{3}$; (2) $\frac{45}{8}$; (3) $\left(e-\frac{1}{e}\right)^2$;

(4) -1; (5) $\frac{1}{3}(1-\cos 1)$; (6) $\frac{1}{2}(1-\cos 1)$;

(7) 2π; (8) $\frac{2}{3}$; (9) $\frac{4}{5}$.

3. (1) $\int_0^1 dx\int_{x^2}^{x} f(x,y)dy$; (2) $\int_a^b dy\int_y^b f(x,y)dx$;

(3) $\int_0^1 dy\int_{-\sqrt{y}}^{\sqrt{y}} f(x,y)dx+\int_1^4 dy\int_{y-2}^{\sqrt{y}} f(x,y)dx$; (4) $\int_{\frac{1}{2}}^1 dx\int_{\frac{1}{x}}^2 f(x,y)dy+\int_1^4 dx\int_{\sqrt{x}}^2 f(x,y)dy$;

(5) $\int_0^1 dy\int_{1-\sqrt{1-y^2}}^{2-y} f(x,y)dx$.

提高题

1. (1) $\frac{11}{15}$; (2) $2-\sqrt{2}$; (3) $e-1$; (4) $-\frac{2}{3}$.

2. $f(x,y)=x+\frac{1}{2}y$.

习题 2.3

1. (1) $\int_0^{\frac{\pi}{4}} d\theta\int_0^{2\sec\theta} f(r)r dr$; (2) $\int_{\frac{\pi}{4}}^{\frac{\pi}{2}} d\theta\int_0^{2a\cos\theta} f(r\cos\theta,r\sin\theta)r dr$.

2. (1) $\int_{-\frac{\pi}{2}}^{\frac{\pi}{2}} d\theta\int_0^{2\cos\theta} f(r\cos\theta,r\sin\theta)r dr$; (2) $\int_{\frac{\pi}{4}}^{\frac{3\pi}{4}} d\theta\int_0^{R} f(r\cos\theta,r\sin\theta)r dr$.

3. (1) $\frac{2\pi}{3}(b^3-a^3)$; (2) $\frac{\pi}{4}[(1+R^2)\ln(1+R^2)-R^2]$; (3) $\frac{3\pi^2}{64}$;

(4) $2\pi(\sin 1-\cos 1)$; (5) $2-\frac{\pi}{2}$; (6) $\frac{9}{16}$.

提高题

1. $\frac{5\pi}{2}$.

2. $\frac{\pi}{2}(e^{\pi}+1)$.

复习题 2

1. (1) 负号; (2) $[0,2]$; (3) 0; (4) $1-3e^{-2}$; (5) $2\pi\int_1^2 rf(r)dr$.

2. (1) A; (2) C; (3) B; (4) D.

3. (1) $\int_0^1 dx\int_{\sqrt{x}}^1 f(x,y)dy$; (2) $\int_0^1 dy\int_{\sqrt{y}}^{3-2y} f(x,y)dx$.

4. (1) $\frac{1}{45}$; (2) $\frac{8}{3}$; (3) $\frac{64}{15}$.

5. 证明略.

6. 2π.

7. $\frac{32}{9}$.

自测题 2

1. (1) $0\leqslant I\leqslant\pi^2$; (2) $\int_0^1 dx\int_1^{2-x} f(x,y)dy$; (3) 0; (4) $\int_0^{2\pi} d\theta\int_1^e r\ln r dr$; (5) $I_1<I_2$.

2. (1) $\int_0^1 \mathrm{d}y \int_{e^y}^{e} f(x,y)\mathrm{d}x$;　　(2) $\int_1^2 \mathrm{d}y \int_{\frac{1}{y}}^{y} f(x,y)\mathrm{d}x$.

3. (1) 9;　　(2) $\frac{20}{3}$;　　(3) $\frac{41}{2}\pi$;　　(4) $e^{-\frac{1}{2}}$.

4. 证明略.

5. $-6\pi^2$.

习题 3.1

1. (1) $\frac{1}{3}+\frac{1}{4}+\frac{1}{5}+\frac{1}{6}+\frac{1}{7}+\cdots$;　　(2) $\frac{1}{3}-\frac{1}{9}+\frac{1}{27}-\frac{1}{81}+\frac{1}{243}-\cdots$;

   (3) $2+\frac{3}{4}+\frac{4}{9}+\frac{5}{16}+\frac{6}{25}+\cdots$;　　(4) $\cos\frac{\pi}{2}+\cos\frac{2\pi}{3}+\cos\frac{3\pi}{4}+\cos\frac{4\pi}{5}+\cos\frac{5\pi}{6}+\cdots$.

2. (1) $u_n=\frac{1}{2n-1}$; (2) $u_n=(-1)^{n+1}\frac{a^{n+1}}{2n}$; (3) $u_n=\frac{x^n}{n}$; (4) $u_n=\frac{1}{n(n+1)(n+2)}$.

3. (1) $S=\frac{1}{2}$,收敛;　(2) $S=\frac{1}{5}$,收敛;　(3) 发散;　(4) 发散.

4. (1) 发散;　(2) 收敛;　(3) 发散;　(4) 发散;

   (5) 收敛;　(6) 发散;　(7) 发散.

提高题

1. (1) 收敛;　(2) 发散;　(3) 发散.

2. 4.

3. (1) 错误,可举反例说明;

   (2) 正确. 因为$\sum_{n=1}^{\infty} u_n$收敛,所以$\lim_{n\to\infty} u_n=0$,从而$\lim_{n\to\infty}\frac{a}{u_n}=\infty$. 故$\sum_{n=1}^{\infty}\frac{a}{u_n}$发散.

习题 3.2

1. (1) 发散;　(2) 收敛;　(3) 发散;　(4) 发散;　(5) 发散;

   (6) 收敛;　(7) 收敛;　(8) 收敛;　(9) 发散;　(10) 收敛.

2. (1) 发散;　(2) 收敛;　(3) 收敛;　(4) 收敛;　(5) 收敛;　(6) 收敛.

3. (1) 发散;　(2) 收敛;　(3) 收敛.

提高题

1. (1) 发散;　(2) 发散;　(3) 发散;　(4) 收敛;　(5) 发散;　(6) 收敛;

   (7) 提示:当$\alpha>1$时,由$\frac{1}{1+\alpha^n}<\frac{1}{\alpha^n}$,利用比较判别法证明;当$0<\alpha<1$和$\alpha=1$时,分别通过求极限$\lim_{n\to\infty}\frac{1}{1+\alpha^n}$来判断.

2. 提示:通过证明级数$\sum_{n=1}^{\infty}\frac{5^n}{n!}$收敛,进一步来求此极限.

3. 提示:因$0\leqslant c_n-a_n\leqslant b_n-a_n(n=1,2,\cdots)$,利用比较判别法和无穷级数的性质证明.

习题 3.3

1. (1) 收敛;　(2) 收敛;　(3) 收敛;　(4) 发散.

2. (1) 条件收敛;　(2) 绝对收敛;　(3) 绝对收敛;　(4) 绝对收敛;

   (5) 绝对收敛;　(6) 发散;　(7) 绝对收敛;　(8) 绝对收敛.

提高题

1. (1) 条件收敛； (2) 条件收敛； (3) 绝对收敛； (4) 发散.

2. 提示：$\{a_n\}$单调减少有下界，故$\lim\limits_{n\to\infty}a_n$存在，记其极限值为$a$，可证明$a>0$. 再由根值判别法判断原级数收敛.

习题 3.4

1. (1) $(-\infty,+\infty)$； (2) $(-1,1)$； (3) $(-1,1]$； (4) $(-\infty,+\infty)$；
   (5) $(-\sqrt{5},\sqrt{5})$； (6) $(-\sqrt{3},\sqrt{3})$； (7) $(0,2)$； (8) $[0,8)$.

2. (1) $s(x)=\dfrac{1}{(1-x)^2}(-1<x<1)$； (2) $s(x)=\dfrac{1}{2}\ln\dfrac{1+x}{1-x}(-1<x<1)$.

提高题

1. 在$x=2$处收敛，在$x=7$处发散.

2. 收敛半径为$\sqrt{R}$.

3. 和函数$s(x)=\dfrac{1+x}{(1-x)^3}(-1<x<1)$$\left(\text{提示：设}S(x)=\sum\limits_{n=1}^{\infty}n^2x^{n-1}(|x|<1)\text{，将其拆成如下形式}\right.$

$$\left.S(x)=\sum_{n=1}^{\infty}(n+1)nx^{n-1}-\sum_{n=1}^{\infty}nx^{n-1}-\left(\sum_{n=1}^{\infty}x^{n+1}\right)''-\left(\sum_{n=1}^{\infty}x^{n}\right)'\text{进一步求}\right).$$

习题 3.5

1. (1) $\sum\limits_{n=0}^{\infty}\dfrac{x^n}{(n+1)!}(x\in\mathbf{R}\text{ 且 }x\neq 0)$； (2) $\sum\limits_{n=0}^{\infty}\dfrac{1}{n!}(\ln 2)^n x^n(-\infty<x<+\infty)$；
   (3) $\ln 3+\dfrac{x}{3}-\dfrac{1}{2}\cdot\left(\dfrac{x}{3}\right)^2+\dfrac{1}{3}\cdot\left(\dfrac{x}{3}\right)^3-\cdots(-3<x\leqslant 3)$；
   (4) $\dfrac{1}{2}+\dfrac{1}{2}\sum\limits_{n=0}^{\infty}(-1)^n\dfrac{(2x)^{2n}}{(2n)!}(-\infty<x<+\infty)$；
   (5) $\sum\limits_{n=0}^{\infty}(-1)^n\dfrac{x^n}{5^{n+1}}(-5<x<5)$； (6) $\sum\limits_{n=0}^{\infty}\dfrac{x^n}{4^{n+1}}(-4<x<4)$；
   (7) $3\sum\limits_{n=0}^{\infty}(-1)^n\left[\dfrac{1}{3^n}-\dfrac{1}{2^n}\right]x^n(-2<x<2)$； (8) $\sum\limits_{n=0}^{\infty}(-1)^n x^{2n+1}(-1<x<1)$.

2. $\sum\limits_{n=0}^{\infty}(-1)^n\left[1-\dfrac{1}{4^{n+1}}\right](x-5)^n(1<x<9)$.

3. $\sum\limits_{n=0}^{\infty}(-1)^n\left(\dfrac{1}{2^{n+2}}-\dfrac{1}{2^{2n+3}}\right)(x-1)^n(-1<x<3)$.

4. 1.649.

提高题

1. $\dfrac{1}{x^2}=\sum\limits_{n=1}^{\infty}(-1)^{n+1}\dfrac{n}{2^{n+1}}(x-2)^{n-1}(0<x<4)$. 提示：先将$\dfrac{1}{x}$展开成$x-2$的幂级数，将其展开式两端同时逐项求导，便可得到函数$f(x)=\dfrac{1}{x^2}$的展开式.

2. $\dfrac{x-1}{4-x}=\dfrac{1}{3}(x-1)+\dfrac{(x-1)^2}{3^2}+\dfrac{(x-1)^3}{3^3}+\cdots+\dfrac{(x-1)^n}{3^n}+\cdots(-2<x<4)$；

$f^{(n)}(1)=\dfrac{n!}{3^n}$. 提示：先将$\dfrac{1}{4-x}$展开成$x-1$的幂级数，然后再乘以$x-1$即可求出展开式，利用幂级数的系数与幂级数之间的关系可求出$f^{(n)}(1)$.

3. (1) $-\ln\left(1-\frac{x}{4}\right)(-4\leqslant x<4)$； (2) ln2.

复习题 3

1. (1) $\frac{(-1)^{n-1}}{5^n}$； (2) a； (3) $\frac{2}{2-\ln 3}$； (4) $[-1,1]$；

(5) $[1,3)$； (6) $\sum_{n=0}^{\infty}(-1)^n(x-1)^n(0<x<2)$； (7) 8； (8) 发散.

2. (1) B； (2) D； (3) C； (4) D； (5) C； (6) D； (7) B.

3. (1) $\frac{5}{2}$； (2) $\frac{1}{4}$.

4. (1) 收敛； (2) 收敛； (3) 发散； (4) 发散； (5) 收敛； (6) 收敛.

5. (1) 绝对收敛； (2) 条件收敛； (3) 绝对收敛； (4) 条件收敛.

6. (1) $R=\frac{1}{3},\left[-\frac{1}{3},\frac{1}{3}\right)$； (2) $R=2,[-2,2]$；

(3) $R=2,[-1,3)$； (4) $R=\sqrt{2},(-\sqrt{2},\sqrt{2})$.

7. (1) $s(x)=-\ln(1+x),x\in(-1,1]$； (2) $s(x)=\frac{2x}{(1-x^2)^2},x\in(-1,1)$.

8. (1) $\sum_{n=0}^{\infty}(-1)^n\frac{x^{2n+1}}{3^{2n+1}(2n+1)!},x\in(-\infty,+\infty)$； (2) $\sum_{n=0}^{\infty}\frac{(-1)^n x^{n+2}}{n!},x\in(-\infty,+\infty)$；

(3) $\sum_{n=0}^{\infty}\left(1-\frac{1}{2^{n+1}}\right)x^n,x\in(-1,1)$.

9. (1) $\sum_{n=0}^{\infty}(x-1)^n,x\in(0,2)$； (2) $\sum_{n=0}^{\infty}(-1)^n\left(\frac{1}{4^{n+1}}-\frac{1}{5^{n+1}}\right)(x-2)^n,x\in(-2,6)$.

10. 证明略.

自测题 3

1. (1) $\frac{1}{2n-1}$； (2) 收敛, $\sum_{n=0}^{\infty}ar^n=\frac{a}{1-r}$, 发散； (3) $\sqrt{3}$；

(4) 4； (5) $\sum_{n=0}^{\infty}(-1)^n(2x)^n,x\in\left(-\frac{1}{2},\frac{1}{2}\right)$.

2. (1) B； (2) C； (3) C； (4) D； (5) B； (6) B.

3. (1) 收敛； (2) 收敛； (3) 收敛； (4) 收敛.

4. (1) 条件收敛； (2) 绝对收敛.

5. (1) $\left[-\frac{1}{2},\frac{1}{2}\right]$； (2) $(-1,1)$.

6. $\frac{x^2}{(1-x^2)^2}(|x|<1)$.

7. $\sum_{n=0}^{\infty}(-1)^n\left[\frac{1}{2^{n+1}}-\frac{1}{3^{n+1}}\right](x-1)^n,-1<x<3$.

习题 4.1

1. (1) 13 阶； (2) 二阶； (3) 一阶； (4) 一阶.

2. (1) 是； (2) 是； (3) 是； (4) 不是.

3. $C_1=\frac{1}{2}, C_2=\frac{1}{2}$.

4. 证明略，特解为 $y=\frac{1}{3}x^3$.

提高题

1. 微分方程为：$\frac{xy'-y}{y'}=x^2$；初始条件为：$y(-1)=1$.

2. (1) 是特解；(2) 是通解.

习题 4.2

1. (1) 可分离变量的方程，分离变量后两端同时积分求解；

(2) 齐次方程；令 $\frac{y}{x}=u$，可转化为可分离变量的方程，分离变量后两端同时积分求解；

(3) 一阶非齐次线性微分方程，可通过通解公式直接求解；

(4) 可分离变量的方程，分离变量后两端同时积分求解；

(5) 伯努利方程，将方程两端同时除以 y^2，令 $z=y^{-1}$，转化成可分离变量的方程，分离变量后两端同时积分求解；

(6) 这是以 y 为自变量，x 为未知函数的一阶非齐次线性微分方程，可通过通解公式直接求解.

2. (1) $(x+1)(y+1)=C$；　(2) $(e^y-1)(e^x-1)=C$；

(3) $y^2-1=C(x-1)^2$；　(4) $(x+1)(2-e^y)=C$.

3. (1) $y=\frac{3}{\sin x}-3$；　(2) $(1+x^2)(1+y^2)=4$.

4. (1) $y^2=x^2\ln(Cx^2)(C\geqslant 0)$；(2) $\ln|y|=\frac{y}{x}+C$；(3) $y=(x+1)^2\left[\frac{2}{3}(x+1)^{\frac{3}{2}}+C\right]$；

(4) $y=\frac{1}{x}(-\cos x+C)$；(5) $\cos y=C\cos x$；(6) $y=(-\arctan x+C)x$.

5. (1) $y=\frac{1}{2}\left(\ln x+\frac{1}{\ln x}\right)$；　(2) $y=x^4\left(\frac{x}{2}-\frac{1}{2}\right)^2$.

提高题

1. $y+\sqrt{x^2+y^2}=2$.

2. 证明略.

3. (1) $x=(e^{-\frac{1}{y}}+C)y^2e^{\frac{1}{y}}$；　(2) $\ln|xy|+\arctan\frac{y}{x}=C$；　(3) $\cot\frac{x+y}{2}=Cx$.

习题 4.3

1. (1) $y=\cos x+\frac{x^4}{24}+C_1\frac{x^2}{2}+C_2x+C_3$；　(2) $y=x\arctan x-\frac{1}{2}\ln(1+x^2)+C_1x+C_2$；

(3) $y=C_1e^x-\frac{x^2}{2}-x+C_2$；　(4) $y=-x+C_1\ln|x|+C_2$；　(5) $y=-\frac{C_1}{x}+C_2$；

(6) $y=C_1e^{2x}+C_2$；　(7) $-\frac{1}{y}=C_1x+C_2$；　(8) $\sqrt{C_1y^2-1}=C_1x+C_2$.

2. (1) $y=e^x+\frac{1}{4}\cos 2x-x+\frac{3}{4}$；　(2) $y=\frac{1}{3}x^3-x^2+2x+4$；

(3) $y=2+\ln\left(\frac{x}{2}\right)^2$；　(4) $e^{-y}=\mp x+1$；　(5) $\tan\frac{y}{2}=e^x$.

3. $y=\frac{x^3}{6}+e^x-\frac{2}{3}x+1$.

提高题

1. (1) $y=\frac{x}{C_1}e^{C_1x+1}-\frac{1}{C_1^2}e^{C_1x+1}+C_2$; (2) $(x-C_2)^2+(y-C_1)^2=1$;

   (3) $1+C_1e^{-y}=C_2e^{-C_1\ln|x|}$.

2. $y=\ln\left(\frac{x^2}{2}+x+1\right)$.

习题 4.4

1. (1) $y=C_1e^{-4x}+C_2e^x$; (2) $y=(C_1+C_2x)e^x$; (3) $y=C_1e^x+C_2e^{-x}$;

   (4) $y=(C_1+C_2x)e^{-3x}$; (5) $y=e^x\left(C_1\cos\frac{x}{2}+C_2\sin\frac{x}{2}\right)$; (6) $y=e^{-x}(C_1\cos 2x+C_2\sin 2x)$.

2. (1) $y=\frac{3}{4}e^{-x}+\frac{1}{4}e^{3x}$; (2) $y=(2+x)e^{-\frac{1}{2}x}$;

   (3) $y=4e^x+2e^{3x}$; (4) $y=\cos 3x-\frac{1}{3}\sin 3x$.

3. (1) $y=C_1+C_2e^{-x}+\frac{x^2}{2}-x$; (2) $y=C_1\cos x+C_2\sin x+x+\frac{1}{2}e^x$;

   (3) $y=(C_1+C_2x)e^{2x}+\frac{1}{4}\cos 2x$.

4. (1) $y=-4+4e^x-3x$; (2) $y=\frac{1}{4}\cos 2x+\frac{1}{8}\sin 2x-\frac{x}{4}\cos 2x$.

提高题

1. $f(x)=\cos x+2\sin x$.
2. (1) $y=xe^x+C_1e^{2x}+C_2e^{-x}$; (2) $y''-y'-2y=e^x-2xe^x$; (3) $y=4e^{2x}+3e^{-x}+xe^x$.

复习题 4

1. (1) ×; (2) √; (3) ×; (4) ×; (5) ×.
2. (1) 3; (2) 3; (3) $x^2+y^2=C$; (4) $-\frac{1}{4}\sin 2x+\cos x+C_1x+C_2$;

   (5) $y=C_1e^{r_1x}+C_2e^{r_2x}$; (6) $x^2(Ax+B)e^{3x}$.
3. (1) C; (2) B; (3) A; (4) A; (5) C.
4. (1) $y=e^{Cx}$; (2) $y=xe^{Cx+1}$; (3) $y=(1+x^2)[x+C]$; (4) $x=\frac{1}{2}\ln y+\frac{C}{\ln y}$.
5. (1) $y=\frac{x}{2}+C_1+\frac{C_2}{x}$; (2) $y=C_1e^x+C_2e^{-2x}$; (3) $y=C_1+C_2e^{4x}$.
6. (1) $y=C_1e^x+C_2e^{-x}+\frac{x}{2}e^x$; (2) $y=C_1+C_2e^{2x}+x\left(-\frac{1}{4}x+\frac{3}{4}\right)$.
7. $y=C_1e^{2x}+C_2e^{-x}$, $y=\frac{1}{2}e^{2x}+\frac{1}{2}e^{-x}$.

自测题 4

1. (1) ① 可分离变量微分方程, ② 齐次微分方程,

   ③ 一阶线性微分方程, ④ 二阶常系数齐次线性微分方程;

   (2) $\frac{1}{4}e^{-2x}+C_1x+C_2$; (3) $y'+y^2=0$; (4) $y=Cx^2$; (5) $y=C_1e^x+C_2$.

2. (1) D; (2) B; (3) C; (4) D; (5) C.

3. (1) $\cos y=\frac{\sqrt{2}}{4}(e^x+1)$; (2) $y=e^{\tan\frac{x}{2}}$; (3) $y^2=2x^2(\ln x+2)$; (4) $y=\frac{1}{\ln|1-x^2|+1}$.

4. (1) $y=C_1e^{-x}+C_2e^{4x}$; (2) $y=(C_1+C_2t)e^{\frac{5}{2}t}$.

5. $y=2(e^x-x-1)$.